Sylvain Serra

Couplage Turbulence/Transferts thermiques dans les récepteurs solaires

Sylvain Serra

Couplage Turbulence/Transferts thermiques dans les récepteurs solaires

Simulation des grandes échelles thermique

Presses Académiques Francophones

Impressum / Mentions légales

Bibliografische Information der Deutschen Nationalbibliothek: Die Deutsche Nationalbibliothek verzeichnet diese Publikation in der Deutschen Nationalbibliografie; detaillierte bibliografische Daten sind im Internet über http://dnb.d-nb.de abrufbar. Alle in diesem Buch genannten Marken und Produktnamen unterliegen warenzeichen-, marken- oder patentrechtlichem Schutz bzw. sind Warenzeichen oder eingetragene Warenzeichen der jeweiligen Inhaber. Die Wiedergabe von Marken, Produktnamen, Gebrauchsnamen, Handelsnamen, Warenbezeichnungen u.s.w. in diesem Werk berechtigt auch ohne besondere Kennzeichnung nicht zu der Annahme, dass solche Namen im Sinne der Warenzeichen- und Markenschutzgesetzgebung als frei zu betrachten wären und daher von jedermann benutzt werden dürften.

Information bibliographique publiée par la Deutsche Nationalbibliothek: La Deutsche Nationalbibliothek inscrit cette publication à la Deutsche Nationalbibliografie; des données bibliographiques détaillées sont disponibles sur internet à l'adresse http://dnb.d-nb.de.
Toutes marques et noms de produits mentionnés dans ce livre demeurent sous la protection des marques, des marques déposées et des brevets, et sont des marques ou des marques déposées de leurs détenteurs respectifs. L'utilisation des marques, noms de produits, noms communs, noms commerciaux, descriptions de produits, etc, même sans qu'ils soient mentionnés de façon particulière dans ce livre ne signifie en aucune façon que ces noms peuvent être utilisés sans restriction à l'égard de la législation pour la protection des marques et des marques déposées et pourraient donc être utilisés par quiconque.

Coverbild / Photo de couverture: www.ingimage.com

Verlag / Editeur:
Presses Académiques Francophones
ist ein Imprint der / est une marque déposée de
AV Akademikerverlag GmbH & Co. KG
Heinrich-Böcking-Str. 6-8, 66121 Saarbrücken, Deutschland / Allemagne
Email: info@presses-academiques.com

Herstellung: siehe letzte Seite /
Impression: voir la dernière page
ISBN: 978-3-8416-2237-2

Année 2009

Thèse

****

Couplage écoulements pariétaux et transferts thermiques dans les récepteurs solaires à haute température

****

présentée à
l'Université de Perpignan Via Domitia,
École Doctorale Énergie et Environnement

pour obtenir le grade de :

DOCTEUR
Spécialité en Sciences pour l'Ingénieur

par

Sylvain SERRA

Soutenance prévue le 30 Septembre devant la commission d'examen :

CALTAGIRONE J.P. Professeur, Lab. TRansfert Ecoulement FLuide Energétique (TREFLE), Université Bordeaux 1, Président du jury.

DAUMAS-BATAILLE F. Professeur, Lab. PROcedes Materiaux et Energie Solaire (PROMES), Université de Perpignan Via Domitia (UPVD), Directrice de thèse.

PEERHOSSAINI H. Professeur, Lab. de Thermocinétique, Polytech'Nantes, Rapporteur.

PLOURDE F. Chargé de recherche CNRS (HDR), Lab. d'Etudes Thermiques (LET), Rapporteur.

TOUTANT A. Maître de Conférences, Lab. PROcedes Materiaux et Energie Solaire (PROMES), Université de Perpignan Via Domitia (UPVD), Co-Directeur de thèse.

ZHOU Y. Directeur de recherche, Lawrence Livermore National Laboratory (LLNL), USA.

Thèse préparée au laboratoire PROMES UPR 8521 (PROcédés Matériaux et Energie Solaire)

Remerciements

Ce travail n'aurait jamais été possible sans l'accompagnement et le soutien de ma directrice de thèse, Madame Françoise Daumas-Bataille, Professeur à l'Université de Perpignan. Je voudrais donc commencer par la remercier très sincèrement pour son encadrement hors pair tout au long de ces trois années. Tu as toujours réussi à trouver du temps quand j'en avais besoin alors que la tempête faisait rage dans ton emploi du temps. Nos discussions scientifiques ont toujours été animées, pleines d'idées avec à chaque fois de nouvelles perspectives d'avancées.

Je souhaiterais dire un très grand merci à Adrien Toutant, Maître de Conférence à l'Université de Perpignan, qui co-dirigeait cette thèse ainsi que ces fameuses discussions. Il a su entrer de plein fouet dans cette thématique et a laissé son empreinte sur ce travail ainsi que dans mon esprit.

Merci à cette équipe de choc qui m'a beaucoup apprit et fait évoluer dans le monde de la recherche : ses relectures, remarques et corrections d'articles et du présent manuscrit ont été indispensables et fortement appréciées.

Je suis très reconnaissant à Monsieur Hassan Peerhossaini ainsi qu'à Monsieur Frédéric Plourde, d'avoir accepté d'être les rapporteurs de mon manuscrit et ainsi, d'avoir apporté une attention particulière à ce travail. Je les remercie d'avoir examiné ma thèse avec attention et d'avoir participé par leurs intéressantes remarques à étendre la réflexion autour de la problématique étudiée.

Mes remerciements vont également à Monsieur Jean-Paul Caltagirone pour avoir présidé mon jury de thèse.
I would like to thank Mister Ye Zhou for his participation to my PhD defense and for his interest and support of my work.

C'est un honneur d'avoir un jury de thèse international, aussi varié et prestigieux.

Cette thèse a été réalisée au laboratoire PROMES CNRS UPR 8521. J'exprime toute ma gratitude à Monsieur Flamant, directeur du laboratoire PROMES, à Monsieur Dollet, directeur adjoint et responsable du site de Perpignan et à Monsieur Ferrière, responsable de l'équipe "Vecteurs Energétiques Durables", pour leur accueil au sein de ce laboratoire.

Cette thèse a été réalisée avec le code Trio_U du CEA de Grenoble. Je tiens à remercier les membres de l'équipe Trio_U, et en particulier Pierre Ledac et Marc Elmo pour leur aide et leur efficacité.

Je remercie Sabine Husson pour m'avoir transmis ce flambeau couplant la turbulence et la thermique.

J'adresse un grand merci aux personnes de PROMES, à ceux qui m'ont vu grandir (Daniel, Alain, Gabriel,...) et à ceux qui m'ont apporté leur aide, leur soutien et leur compagnie durant ces trois années (Alain, Françoise M, Sylvie,...). Un merci particulier au super informaticien Philippe Egea pour les soins apportés à mes ordinateurs (et à ma bonne humeur).

Parmi ces gens là, je voudrais aussi remercier mes anciens professeurs, ceux qui par leurs passions m'ont donné envie d'aller voir ce qu'est la recherche, Françoise (encore), Xavier Py, Charles Chaussavoine, Pierre Neveu et Laurent Thomas.

Enfin, sur un plan plus personnel et parce qu'on n'en a pas l'occasion de le faire tous les jours,
je remercie Nadège, qui m'a soutenue, qui a pardonnée mes absences d'esprit et surtout, qui est devenue ma femme.
Merci à mes parents Denise et Jean-Jacques Serra (grâce à ces deux derniers mot clef, ma thèse sera plus souvent consulté sur google). Merci à mon frère Nicolas et la mère de son futur enfant. Bien sûr, merci à ma super mamie qui a toujours cru en moi. Merci à tout le reste de ma belle et grande famille qui étaient dans le public le jour de ma soutenance.

Je reremercie ma CHEF pour m'avoir offert l'opportunité de découvrir l'univers de la recherche (et celui de la turbulence, en avion ou pas) en m'ayant fait partager sa bonne humeur ; mon ptiCHEF quasiment mon co-bureau, pour tout le temps qu'il a su me consacrer.

Bien sûr, je remercie mes co-bureau Guillaume, Major, John, pour toutes ces discussions quotidiennes et pleines de sens ... ou pas ; Merci à Didier, 3 ans passés ensemble ça marque *et la vengeance sera terrible*. Un grand merci aux vieux qui mettaient l'ambiance, drine, Alex, Juju, Seb et ki^2, et aux jeunes qui perpétuent la tradition, Stéfania, Bébert, polux, Sylvain, Mathieu, Nicolas et Franck. Une pensée à Stf, Xam, Jean-Phi et Fred, le tout au carré bien sûr.

Et pour finir mais non des moindres, MERCI à Gillou pour tout et depuis toujours...

Fins aviat

Table des matières

Nomenclature

Lettres latines

c	Vitesse du son	$m.s^{-1}$
C_p	Capacité calorifique à pression constante	$J.kg^{-1}.K^{-1}$
C_v	Capacité calorifique à volume constant	$J.kg^{-1}.K^{-1}$
D_m	Débit massique	$kg.s^{-1}$
e	Énergie interne massique	$m^2.s^{-2}$
h	Demi-hauteur du canal	m
H	Enthalpie massique	$J.kg^{-1}$
k	vecteur nombre d'onde	$m(-1$
k_{cin}	Énergie cinétique massique	$m^2.s^{-2}$
P	Pression	Pa
P_{dyn}	Pression dynamique	Pa
P'	Pression modifiée	Pa
P_{thermo}	Pression thermodynamique	Pa
Q_w	Flux de chaleur à la paroi $\left(Q_w = \lambda_w \frac{\partial <T>}{\partial y}\big|_w\right)$	$W.m^{-2}$
R	Constante spécifique des gaz parfaits	$J.kg^{-1}.K^{-1}$
R_{ij}	fonction de corrélation en deux points	$m^2 s^{-2}$
S_{ij}	Tenseur des déformations	$\left(= \frac{1}{2}\left(\frac{\partial U_i}{\partial x_j} + \frac{\partial U_j}{\partial x_i}\right)\right) s^{-1}$
T	Température	K
T_m	Température moyenne	$\left(= \frac{T_1 + T_2}{2}\right) K$
T_τ	Température de frottement $\left(T_\tau = \frac{Q_w}{\rho_w C_p U_\tau}\right)$	K
t	Temps	s
U	Composante longitudinale de la vitesse	$m.s^{-1}$
U_f	vitesse caractéristique du fluide	$m.s^{-1}$
U_τ	Vitesse de frottement $\left(U_\tau = \sqrt{\frac{\tau_w}{\rho_w}}\right)$	$m.s^{-1}$
V	Composante verticale de la vitesse	$m.s^{-1}$
W	Composante transverse de la vitesse	$m.s^{-1}$

x	Coordonnée longitudinale	m
y	Coordonnée verticale	m
z	Coordonnée transverse	m

Lettres grecques

$\overline{\Delta}$	Longueur de coupure associée au filtre	m
$\Im_j$	Flux de chaleur sous-maille	K.m.s^{-1}
κ	Diffusivité moléculaire $\left(\kappa = \frac{\lambda}{\rho C_p}\right)$	m^2.s^{-1}
κ_{sm}	Diffusivité sous-maille	m^2.s^{-1}
λ	Conductivité thermique	W.m^{-1}.K^{-1}
μ	Viscosité dynamique	kg.m^{-1}.s^{-1}
ν	Viscosité cinématique $\left(\nu = \frac{\mu}{\rho}\right)$	m^2.s^{-1}
ϕ_{ij}	tenseur de spectral, transformée de Fourier de R_{ij}	
ν_{sm}	Viscosité sous-maille	m^2.s^{-1}
ρ	Masse volumique	kg.m^{-3}
τ_w	Contrainte de cisaillement à la paroi $\left(\tau_w = \mu_w \frac{\partial <U>}{\partial y}\big|_w\right)$	Pa
τ_{ij}	Tenseur sous-maille	m^2.s^{-2}
Ω_{ij}	Tenseur de rotation $\left(\Omega_{ij} = \frac{1}{2}\left(\frac{\partial U_i}{\partial x_j} - \frac{\partial U_j}{\partial x_i}\right)\right)$	s^{-1}

Nombres sans dimension

y^+	Coordonnée adimensionnelle $\left(y^+ = \frac{yU_\tau}{\nu_w}\right)$
M_a	Nombre de Mach $\left(M_a = \frac{U}{c}\right)$
Pe	Nombre de Péclet $\left(Pe = Re \times Pr = \frac{\rho C_p U h}{\lambda}\right)$
Pr	Nombre de Prandtl $\left(Pr = \frac{\nu}{\kappa}\right)$
Pr_{sm}	Nombre de Prandtl sous-maille $\left(Pr_{sm} = \frac{\nu_{sm}}{\kappa_{sm}}\right)$
Re	Nombre de Reynolds $\left(Re = \frac{Uh}{\nu}\right)$
Re_τ	Nombre de Reynolds $\left(Re_\tau = \frac{U_\tau h}{\nu_w}\right)$

Indices

1	Relatif à la paroi basse du canal
2	Relatif à la paroi haute du canal
b	Grandeur débitante (*bulk*)
c	Valeur au centre du canal
i, j, k	Grandeur projetée selon x ($i = 1$), y ($i = 2$) ou z ($i = 3$)
m	Grandeur moyenne
max	Valeur maximale
rms	écart type
sm	Grandeur sous-maille
w	Grandeur pariétale

Exposants

$'$	Grandeur non résolue (au sens de Reynolds)
$''$	Grandeur non résolue (au sens de Favre)
X	Grandeur adimensionnée par une échelle caractéristique
$+$	Grandeur adimensionnée par un terme de frottement
$\star$	Échelle caractéristique

Opérateurs mathématiques

$-$	opérateur de moyenne (au sens de Reynolds)
$\sim$	opérateur de moyenne (au sens de Favre)
D	Dalembertien
δ	Dirac
δ_{ij}	Symbole de Kronecker
Δ	Différence
∇	opérateur nabla
∂	Dérivée partielle
$*$	Convolution
$<>$	Moyenne de Reynolds
$TF()$	Transformée de Fourier

Sigles et acronymes

DNS	*Direct Numerical Simulation*, Simulation Numérique Directe
LES	*Large Eddy Simulation*, Simulation des Grandes Échelles
TLES	*Thermal Large Eddy Simulation*, Simulation des Grandes Échelles Thermiques
RANS	*Reynolds Averaged Navier-Stokes*

Introduction et contexte

Les énergies renouvelables, depuis le protocole de Kyoto et la hausse des prix des énergies fossiles, sont en pleine expansion. C'est particulièrement vrai pour l'énergie solaire dont les domaines d'applications sont de plus en plus nombreux. L'énergie solaire peut être directement utilisée pour son énergie thermique (chauffe eau, photochimie, désalinisation des eaux, ...) ou peut être transformée afin de créer de l'électricité (photovoltaïque). Le projet PEGASE (Production d'Electricité par turbine à GAz et énergie SolairE), développé au sein du laboratoire PROMES (UPR 8521), a pour but la mise en place et l'expérimentation d'un prototype de centrale solaire. Cette centrale est basée sur un cycle à gaz haute température constitué d'un récepteur solaire à air pressurisé et d'une turbine à gaz. Le récepteur est traversé par un écoulement turbulent d'air, soumis à une pression de 10 bars, qui capte l'énergie thermique provenant d'un champ d'héliostats et la transporte dans une turbine à gaz pour créer de l'électricité (la valeur du nombre de Reynolds de cet écoulement est de l'ordre de 50000, pour un nombre de Mach inférieur à $0, 1$ et un nombre de Richardson de $1e^{-4}$). Pour augmenter le rendement de la centrale, il faut capter le plus d'énergie thermique possible et donc chauffer au maximum le récepteur, sachant qu'il n'est éclairé que sur une seule face. Du point de vue applicatif, l'objectif est de développer un récepteur solaire métallique, dérivé de la technologie des échangeurs compacts à tubes ou à plaques, capable de fonctionner à une température de sortie d'air supérieure à 800°C (maximum 950°C). Au plan fondamental, qui est le cadre de recherche de cette thèse, l'objectif est de mieux comprendre et de simuler les transferts pariétaux en écoulement turbulent avec de forts gradients de température. Il est en effet nécessaire de maîtriser l'écoulement du gaz traversant le récepteur solaire afin de gérer les phénomènes transitoires. Par exemple, une longue période nuageuse va faire revenir le récepteur solaire à température ambiante. Après ce passage nuageux, le flux solaire reçu par le récepteur peut être très important, induisant un chauffage rapide de la face exposée. Dans ce cas là, l'écoulement turbulent est soumis à un très fort gradient de température. L'influence du gradient de température, à travers son effet sur les propriétés du fluide, modifie fortement l'écoulement. Les conditions physiques que nous devons étudier correspondent donc à un écoulement turbulent à faible nombre de Mach soumis à de très forts transferts thermiques en convection forcée.

À notre connaissance, il existe peu d'expérimentations permettant de bien connaître l'influence de fortes variations de température sur un écoulement turbulent. On peut citer pour exemple, les études de Cheng et Ng (1982), de Wardana et al. (1992) et de Wardana et al. (1994), mais aucune ne permet d'étudier précisément l'influence d'un fort gradient de tempéra-

13

ture perpendiculaire à un écoulement turbulent en canal. L'étude expérimentale de l'écoulement rencontré au sein du récepteur solaire est délicate car il est difficile de mesurer finement l'influence du gradient de température sur la turbulence. Dans ce domaine, la simulation numérique est un très bon outil car elle permet d'obtenir plus facilement des connaissances sur l'écoulement.

On peut trouver dans la littérature certains travaux utilisant la simulation numérique pour étudier des écoulements turbulents, prenant en compte les variations de densité dues à la température. Les interactions entre la turbulence et les forts gradients de température peuvent être très différentes en fonction du type de l'écoulement. On peut séparer les études de ces écoulements turbulents en trois groupes.

Tout d'abord, les études d'écoulements incompressibles, dans lesquelles l'hypothèse de Boussinesq est considérée. Cette hypothèse n'est valide que pour de faibles variations de température ($\Delta T \leq 30K$). Le second type d'études des écoulements se différencie par la valeur importante du nombre de Mach. Ce sont les écoulements compressibles, pour lesquels, la densité est fonction de la température mais aussi de la vitesse. Nous citerons comme exemple, les études de Huang *et al.* (1995) et Coleman *et al.* (1995) qui ont réalisé des simulations d'écoulements turbulents en canal plan, avec une paroi froide, dans le but d'étudier l'influence du nombre de Mach. Morinishi *et al.* (2004) et Tamano et Morinishi (2006) qui ont porté une attention particulière sur l'effet des conditions aux limites thermique. Toujours dans les écoulements compressibles, l'étude se rapprochant le plus de la nôtre et celle de Wang *et al.* (1996) qui étudie en simulation des grandes échelles, des écoulements soumis à un fort gradient de température. Le troisième groupe, étudie des écoulements se caractérisant par une valeur faible du nombre de Mach. Pour ces écoulements, il est possible de prendre en compte l'effet de la température sur la densité, en négligeant l'effet de la vitesse. Ceci permet de se concentrer sur l'effet de la température et d'alléger les simulations en ne prenant pas en compte les contraintes numériques dues aux ondes acoustiques qui diminuent fortement le pas de temps des simulations compressibles. Pour simuler ce type d'écoulement, on peut utiliser les équations bas-Mach, qui permettent de tenir compte de la variation de la densité en fonction de la température, sans limite d'écart de température. Dans la littérature, il n'existe que peu d'études portant sur des écoulements à faible nombre de Mach, soumis à de fortes variations de la température. De plus, la plupart de ces études couplent l'effet du gradient de température avec un autre phénomène physique. Par exemple, dans Satake *et al.* (1999), Lee *et al.* (2004), Xu *et al.* (2004), Bae *et al.* (2006) et Qin et Pletcher (2006), le gradient de température est couplé à des effets de flottabilité. En simulation numérique directe, Nicoud (1998) a étudié un écoulement turbulent en canal plan avec températures imposées aux parois. En simulation des grandes échelles, Lessani *et al.* (2006), Lessani *et al.* (2007), Brillant (2004), Châtelain *et al.* (2004) ont étudié des écoulements turbulents dans la même configuration. Cependant, ces études ne répondent pas complètement à notre problématique. Seul Husson (2007) a étudié des écoulements ayant une intensité turbulente importante et initie l'explication physique des phénomènes créés par le gradient de température. C'est donc en se basant sur ces travaux que nous débuterons les nôtres. Nous porterons une attention particulière sur le fait de réaliser une étude complète et systématique d'écoulements turbulents obtenus pour deux intensités turbulentes et soumis à plusieurs rapports température.

Serra *et al.* (2008) ont montré que des modèles statistiques ne permettaient pas de simuler précisément un écoulement turbulent soumis à un fort gradient de température et qu'il était nécessaire d'utiliser des modèles plus fins. Pour notre étude, nous utiliserons la simulation des grandes échelles, qui s'avère très intéressante pour l'étude des écoulements turbulents car elle permet d'accéder avec précision aux grandeurs turbulentes pour des temps de calculs relativement modérés. Pour réaliser nos simulations, nous utiliserons le code de calcul Trio_U développé par le CEA de Grenoble. Nous nous placerons dans une géométrie simplifiée par rapport à celle du récepteur solaire, à savoir un canal plan bipériodique dont les températures pariétales sont imposées. Cette géométrie a l'avantage d'avoir fait l'oeuvre de nombreuses études et nous permettra d'avoir des points de comparaison pour certaines de nos simulations (simulations isothermes ou faiblement turbulentes).

L'objectif de cette thèse est donc l'étude par simulation des grandes échelles d'un écoulement turbulent soumis à de forts gradients de température dans le cas d'une géométrie simplifiée de récepteur solaire. Le mémoire présentant ces travaux s'articule de la manière suivante :

Le chapitre 1 expose les principes des équations bas-Mach et de la simulation des grandes échelles ainsi qu'une étude bibliographique sur les différentes modélisations disponibles et commente le choix des schémas numériques et des algorithmes utilisés.

Le chapitre 2 présente une étude bibliographique de différents travaux portant sur des écoulements perturbés par des variations significatives des propriétés du fluide. La description des différents paramètres des simulations réalisées est également effectuée. La validation du modèle utilisé, par comparaison avec des données de la littérature, et une étude de la modélisation sous-maille thermique clôture ce chapitre.

Le chapitre 3 est consacré à l'effet d'un fort gradient de température sur un écoulement turbulent en étudiant son influence sur les profils moyens, les fluctuations et les corrélations doubles de vitesse et de température.

Le chapitre 4 détaille l'influence du gradient thermique sur les spectres d'énergie cinétique, les spectres de fluctuations de température et les spectres liés aux corrélations vitesse-température.

Chapitre 1

Présentation des cadres physique et numérique

La simulation numérique est née de la fusion des trois disciplines que sont la physique, les mathématiques et l'informatique. La résolution exacte de problèmes physiques simples par la mise en équations mathématiques et leur résolution analytique laisse la place à la résolution numérique de problèmes physiques plus complexes grâce à l'utilisation des ordinateurs. La simulation numérique est un bon moyen d'appréhender les développements tridimensionnels d'un écoulement turbulent anisotherme. Cette partie s'attache à décrire le système d'équations physiques ainsi que le modèle numérique utilisé pour le résoudre.

1.1 Équations

La majeure partie des écoulements de fluides présents dans la nature tout comme ceux présents dans l'industrie ont un caractère turbulent. Léonard de Vinci est à l'origine de la notion de turbulence au sens moderne du terme : *"mouvements désordonnés et chaotiques de l'air ou de l'eau"*. Bien que la question d'une définition générale et précise soit toujours ouverte, on accorde aux écoulements turbulents des propriétés universelles qui sont l'imprédictibilité de l'écoulement et son caractère aléatoire. Par contre, le caractère totalement chaotique ne leur est pas toujours donné. En effet, une propriété classiquement mise en avant d'un écoulement turbulent réside dans un processus appelé cascade d'énergie qui est limité par l'effet de la dissipation moléculaire. Cette cascade d'énergie est définie par un transfert d'énergie des grands tourbillons vers les petits tourbillons. Kolmogorov, en 1941, a émis l'hypothèse que cette cascade était auto-similaire : les tourbillons se divisent tous de la même manière quelle que soit leur échelle, tant qu'elle n'est ni trop petite (sinon il faut tenir compte de la viscosité) ni trop grande (les grands tourbillons dépendent de la géométrie de l'écoulement).

Pour simuler la plupart des écoulements, il faut résoudre les équations de Navier-Stokes, qui sont des équations aux dérivées partielles non-linéaires qui décrivent le mouvement des fluides dans l'approximation des milieux continus. Il est possible de démontrer ces équations à partir de l'équation de Boltzmann (1872), qui est une équation intégro-différentielle de la théorie cinétique et qui décrit l'évolution d'un gaz peu dense hors équilibre. Quand ces écoulements sont soumis à des transferts thermiques, il faut résoudre, en plus des équations de Navier-Stokes, l'équation de conservation de l'énergie.

Ces équations sont issues de principes physiques de base qui sont (Chassaing (2001), Kaviany (2001)) :
- le principe de conservation de la masse,
- la relation fondamentale de la dynamique,
- le premier principe fondamental de la thermodynamique.

Ces équations, bien connues, sont représentées sous différentes formes dans la littérature.

Dans notre étude, l'effet de la gravité sera négligé. Ceci est légitime pour un fluide léger tel que l'air quand la convection forcée est largement dominante. La capacité calorifique C_p est considérée constante et égale à $1005\ J.kg^{-1}K^{-1}$. Par contre, le très fort couplage entre la thermique et la turbulence nécessite d'être bien pris en compte dans nos simulations. Pour se faire, nous utilisons les équations de bas-Mach dont le principe est expliqué dans la partie suivante. Une fois ce principe expliqué, nous l'appliquerons à notre système d'équations.

1.1.1 Principe des équations à faible nombre de Mach

Les équations représentant un écoulement compressible, sous leurs formes différentielles, sont simplifiées afin d'obtenir les équations bas-Mach qui seront celles utilisées dans le modèle numérique. L'hypothèse effectuée pour obtenir les équations bas-Mach permet de ne pas prendre en compte l'effet des ondes acoustiques sur l'écoulement (supposées négligeables) et, de ce fait, supprimer les contraintes numériques qui leurs sont liées. Dans d'autres études où les variations de température sont peu importantes ($\Delta T < 30K$), il est courant d'utiliser l'hypothèse de Boussinesq, qui néglige les forces de compression excepté pour calculer les forces de flottabilité hydrostatique (Salat *et al.* (2004), Xin *et al.* (2004)).

Dans l'hypothèse d'un faible nombre de Mach, on a $M_a << 1$. Le nombre de Mach est défini de la façon suivante :

$$M_a = \frac{U}{c^\star} \tag{1.1}$$

où $c^\star$ est la vitesse du son et U la vitesse du fluide. Ce nombre permet de déterminer le caractère subsonique, sonique ou supersonique de l'écoulement considéré.

L'hypothèse bas-Mach consiste à négliger les termes d'ordre supérieur ou égal à M_a^2. On peut alors obtenir des équations simplifiées régissant les écoulements à faible nombre de Mach. Il est généralement admis que ces équations simplifiées sont valables pour des nombres de Mach inférieurs à $0, 3$.

Il existe plusieurs types d'approches pour éliminer les contraintes des ondes acoustiques. Il est possible, en partant des équations compressibles, d'appliquer des méthodes de préconditionnement bas-Mach lors de la résolution de ces équations. Un développement asymptotique des variables de l'écoulement en fonction de M_a^2 peut aussi être utilisé (Paolucci (1982)). Il existe aussi des méthodes hybrides, comme celle proposée par Golanski *et al.* (2004).

Pour notre étude, nous utiliserons la méthode développée par Paolucci (1982), dont le principe est décrit ci-dessous. Pour obtenir les équations bas-Mach, les équations compressibles sont tout d'abord adimensionnées. On considère les échelles caractéristiques suivantes afin de réaliser l'adimensionnement des équations :

- $x^\star$ pour la longueur,
- $c^\star$ (vitesse du son) pour la vitesse,
- $t^\star = x^\star/U_f$ pour le temps, où U_f est la vitesse caractéristique du fluide,
- $\rho^\star$ pour la masse volumique,
- $\lambda^\star$ pour la conductivité thermique,
- $\mu^\star$ pour la viscosité,
- $P^\star$ pour la pression,
- $T^\star$ pour la température,
- $C_p^\star$ pour la capacité calorifique à pression constante.

On remarque deux vitesses différentes, $c^\star$ et U_f. C'est grâce à ces vitesses que nous pourrons différencier la propagation d'ondes acoustiques d'un écoulement proche de la vitesse du son par rapport à un écoulement à faible nombre de Mach. On définit les variables adimensionnelles suivantes

$$x^X = \frac{x}{x^\star} \, ; \, t^X = \frac{t}{x^\star/U_f} \, ; \, \rho^X = \frac{\rho}{\rho^\star} \, ; \, U^X = \frac{U}{c^\star} \, ; \, P^X = \frac{P}{P^\star}$$
$$\mu^X = \frac{\mu}{\mu^\star} \, ; \, \lambda^X = \frac{\lambda}{\lambda^\star} \, ; \, T^X = \frac{T}{T^\star} \, ; \, C_p^X = \frac{C_p}{C_p^\star} \tag{1.2}$$

avec par définition, $c^\star = \sqrt{\gamma R T^\star}$, où R est la constante spécifique des gaz parfaits ($R = 287$), qui vérifie : $R = C_p - C_v$, et $\gamma = \frac{C_p}{C_v}$. De plus, d'après la loi des gaz parfaits, $P^\star = \rho^\star R T^\star$. On obtient donc : $P^\star = \frac{\rho^\star(c^\star)^2}{\gamma}$.

Une fois adimensionnées, un développement asymptotique de toutes les variables est réalisé en fonction de M_a^2. Le développement asymptotique des variables de l'écoulement en fonction de M_a^2 s'écrit alors

$$U^X = M_a(U_0 + M_a^2 U_1 + o(M_a^2)) \tag{1.3}$$
$$\rho^X = \rho_0 + M_a^2 \rho_1 + o(M_a^2) \tag{1.4}$$
$$P^X = P_0 + M_a^2 P_1 + o(M_a^2) \tag{1.5}$$
$$T^X = T_0 + M_a^2 T_1 + o(M_a^2) \tag{1.6}$$
$$\lambda^X = \lambda_0 + M_a^2 \lambda_1 + o(M_a^2) \tag{1.7}$$
$$\mu^X = \mu_0 + M_a^2 \mu_1 + o(M_a^2) \tag{1.8}$$
$$C_p^X = C_{p_0} + M_a^2 C_{p_1} + o(M_a^2) \tag{1.9}$$

où $U_{0,1}$, $\rho_{0,1}$, $P_{0,1}$, $T_{0,1}$, $\lambda_{0,1}$, $\mu_{0,1}$ et $C_{p_{0,1}}$ sont des variables adimensionnelles indépendantes du nombre de Mach. Dans l'équation (1.3), on réécrit l'échelle de vitesse, qui était prise égale à la célérité du son c^* lors de l'adimensionnement des équations compressibles et dont l'ordre de grandeur est en fait la vitesse caractéristique du fluide U_f.

Il faut ensuite remettre les équations de bas-Mach sous forme dimensionnelle. On utilise cette fois U_f comme échelle de vitesse, puisque lors de l'approximation bas Mach la vitesse U_o a été réécrite (développement asymptotique (1.3)). De même, par l'intermédiaire du développement asymptotique (1.5), l'échelle de pression est maintenant $\frac{\rho U_f^2}{\gamma}$.

1.1.2 Conservation de la masse

Antoine Lavoisier en 1777 énonce la loi qui porte aujourd'hui son nom devant l'académie française : *"Rien ne se perd, rien ne se crée, tout se transforme"*. Cet énoncé a été repris et adapté par Lavoisier au philosophe grec Anaxagore de Clazomènes. L'équation de conservation de la masse (ou équation de continuité) traduit cet énoncé. Le principe de la conservation de la masse postule qu'il n'y a ni apparition, ni disparition de matière. Autrement dit, la vitesse de production volumique de matière est nulle. D'autre part, puisqu'on suit le domaine dans son mouvement, le flux de matière à travers la frontière est nul.

Sous la forme différentielle, elle s'écrit :

$$\frac{\partial \rho}{\partial t} + \nabla \cdot \left(\rho \vec{U} \right) = 0 \tag{1.10}$$

En notation indicielle, avec sommation sur l'indice j, elle devient :

$$\frac{\partial \rho}{\partial t} + \frac{\partial \left(\rho U_j \right)}{\partial x_j} = 0 \tag{1.11}$$

Une fois adimensionnée, elle s'écrit :

$$\frac{\partial \rho^X}{\partial t^X} + M_a^{-1} \frac{\partial (\rho^X U_j^X)}{\partial x_j^X} = 0 \tag{1.12}$$

En négligeant les termes d'ordre supérieur ou égal à M_a^2, l'équation devient :

$$\frac{\partial \rho_0}{\partial t^X} + \frac{\partial \left(\rho_0 U_{j0} \right)}{\partial x_j^X} = 0 \tag{1.13}$$

Une fois remise sous forme dimensionnelle, l'équation de conservation de la masse dans l'hypothèse de bas-Mach s'écrit au final :

$$\frac{\partial \rho}{\partial t} + \frac{\partial \left(\rho U_j \right)}{\partial x_j} = 0 \tag{1.14}$$

1.1.3   Conservation de la quantité de mouvement

Lors d'une collision entre deux particules, c'est la quantité de mouvement totale du système qui est conservée. Ce principe découle directement de la troisième loi de Newton : *"Dans un système isolé (ne subissant aucune force extérieure résultante), la quantité de mouvement est une quantité (vectorielle) conservée."*.

La quantité de mouvement est la grandeur physique associée à la vitesse et à la masse d'un objet. Sous la forme différentielle, l'équation de conservation de la quantité de mouvement s'écrit :

$$\frac{\partial \left(\rho \vec{U}\right)}{\partial t} + \nabla . \left(\rho \vec{U}\vec{U}\right) = \nabla . \left(-P\mathrm{I} + \sigma'\right) \tag{1.15}$$

où I est la matrice identité et σ' le tenseur des contraintes visqueuses. P est la pression, qui dans l'hypothèse des gaz parfaits considérée ici, est :

$$P = \rho R T \tag{1.16}$$

avec, R, la constante spécifique des gaz parfaits.

En notation indicielle, pour chaque composante i du vecteur $\vec{U}$, l'équation (1.15) s'écrit :

$$\frac{\partial \left(\rho U_i\right)}{\partial t} + \frac{\partial \left(\rho U_i U_j\right)}{\partial x_j} = -\frac{\partial \left(P \delta_{ij}\right)}{\partial x_j} + \frac{\partial \sigma'_{ij}}{\partial x_j} \tag{1.17}$$

où :

$$\frac{\partial \left(P \delta_{ij}\right)}{\partial x_j} = \frac{\partial \left(P\right)}{\partial x_i} \tag{1.18}$$

À l'aide de l'équation (1.11) et après avoir développé le membre de gauche, l'équation (1.17) devient :

$$\rho \frac{\partial \left(U_i\right)}{\partial t} + \rho U_j \frac{\partial \left(U_i\right)}{\partial x_j} = -\frac{\partial \left(P\right)}{\partial x_i} + \frac{\partial \sigma'_{ij}}{\partial x_j} \tag{1.19}$$

Le fluide considéré étant de l'air (fluide Newtonien), le tenseur des contraintes visqueuses σ'_{ij} est proportionnel au tenseur des déformations S_{ij} :

$$\sigma'_{ij} = \mu \left(2S_{ij} - \frac{2}{3}\delta_{ij}S_{kk}\right) + \xi \delta_{ij}S_{kk} \tag{1.20}$$

avec :

$$S_{ij} = \frac{1}{2}\left(\frac{\partial U_i}{\partial x_j} + \frac{\partial U_j}{\partial x_i}\right) \tag{1.21}$$

μ est la viscosité cinématique du fluide et ξ est le second coefficient de viscosité. Dans le cadre de cette étude et d'après l'hypothèse de Stokes, le fluide étant de l'air, $\xi \approx 0$.

21

En développant l'équation 1.20 à l'aide de l'équation 1.21, l'équation 1.19 devient :

$$\rho\frac{\partial (U_i)}{\partial t} + \rho U_j\frac{\partial (U_i)}{\partial x_j} = -\frac{\partial (P)}{\partial x_i} + \frac{\partial}{\partial x_j}\left[\mu\left(\frac{\partial U_i}{\partial x_j} + \frac{\partial U_j}{\partial x_i}\right)\right] - \frac{2}{3}\frac{\partial}{\partial x_i}\left(\mu\frac{\partial U_j}{\partial x_j}\right) \quad (1.22)$$

Une fois adimensionnée cette équation s'écrit :

$$\rho^X\frac{\partial (U_i^X)}{\partial t^X} + M_a^{-1}\rho^X U_j^X\frac{\partial (U_i^X)}{\partial x_j^X} =$$
$$-\frac{M_a^{-1}}{\gamma}\frac{\partial P^X}{\partial x_i^X} + \frac{1}{Re}\frac{\partial}{\partial x_j^X}\left[\mu^X\left(\frac{\partial U_i^X}{\partial x_j^X} + \frac{\partial U_j^X}{\partial x_i^X}\right)\right] - \frac{2}{3Re}\frac{\partial}{\partial x_i^X}\left(\mu^X\frac{\partial U_j^X}{\partial x_j^X}\right) \quad (1.23)$$

avec : $\qquad\qquad\qquad Re = \dfrac{\rho^\star U_f x^\star}{\mu^\star}$ le nombre de Reynolds. $\qquad\qquad$ (1.24)

Le nombre de Reynolds représente le rapport entre les forces d'inertie et les forces visqueuses, c'est à dire l'importance relative du transfert de quantité de mouvement par convection et par diffusion.

En raison de la présence du facteur M_a^{-1} devant le terme de pression de l'équation de quantité de mouvement adimensionnée (1er terme du membre de droite de l'équation 1.23), les termes principaux sont ceux d'ordre M_a^{-1}, c'est à dire :

$$0 = -\frac{1}{\gamma}\frac{\partial P_0}{\partial x_i^X} \quad (1.25)$$

soit : $\qquad\qquad\qquad\qquad \dfrac{\partial P_0}{\partial x_i^X} = 0 \qquad\qquad\qquad\qquad$ (1.26)

La pression P_0 est donc constante spatialement. En tenant compte de ceci, si on conserve uniquement les termes d'ordre inférieur à M_a^2, l'équation de quantité de mouvement simplifiée s'écrit :

$$\rho_0\frac{\partial U_{i0}}{\partial t^X} + \rho_0 U_{j0}\frac{\partial U_{i0}}{\partial x_j^X} =$$
$$-\frac{1}{\gamma}\frac{\partial P_1}{\partial x_i^X} + \frac{1}{Re}\left[\frac{\partial}{\partial x_j^X}\left(\mu_0\left(\frac{\partial U_{i0}}{\partial x_j^X} + \frac{\partial U_{j0}}{\partial x_i^X}\right)\right) - \frac{2}{3}\frac{\partial}{\partial x_i^X}\left(\mu_0\frac{\partial U_{j0}}{\partial x_j^X}\right)\right] \quad (1.27)$$

où la pression P_1, appelée pression dynamique (P_{dyn}), peut varier spatialement.

Une fois remise sous formes dimensionnelles, l'équation (1.27), dans l'hypothèse bas-Mach, devient :

$$\rho\frac{\partial U_i}{\partial t} + \rho U_j\frac{\partial U_i}{\partial x_j} = -\frac{\partial P_{dyn}}{\partial x_i} + \frac{\partial}{\partial x_j}\left[\mu\left(\frac{\partial U_i}{\partial x_j} + \frac{\partial U_j}{\partial x_i}\right)\right] - \frac{2}{3}\frac{\partial}{\partial x_i}\left(\mu\frac{\partial U_j}{\partial x_j}\right) \quad (1.28)$$

Le découplage des pressions est un point important de l'hypothèse de bas-Mach.

1.1.4 Conservation de l'énergie

L'équation de conservation de l'énergie se déduit du premier principe de la thermodynamique qui affirme que l'énergie est toujours conservée. La conservation de l'énergie traduit le fait que la variation de l'énergie totale du système doit être égale à la puissance des forces extérieures augmentée de la puissance thermique Q échangée avec l'extérieur ($\triangle U + \triangle E_c = W + Q$). Ce principe fut énoncé par Julius Robert Von Mayer puis James Prescott Joule au début des années 1840. Ce principe dit que l'énergie totale d'un système isolé reste constante. Les événements qui s'y produisent ne se traduisent que par des transformations de certaines formes d'énergie en d'autres formes d'énergie. L'énergie ne peut donc pas être produite *ex nihilo* ; elle est en quantité invariable dans la nature. Elle ne peut que se transmettre d'un système à un autre ou se transformer.

Dans notre étude, il n'y a ni réaction chimique, ni machine. La seule puissance thermique échangée avec l'extérieur est représentée par le flux conductif aux parois : $Q_i = -\lambda \frac{\partial T}{\partial x_i}$.
L'équation de la conservation de l'énergie sous sa forme indicielle s'écrit :

$$\frac{\partial \left(\rho (e + k_{cin}) \right)}{\partial t} + \frac{\partial}{\partial x_j} \left(\rho (e + k_{cin}) U_j \right) = -\frac{\partial P U_j}{\partial x_j} + \frac{\sigma'_{jk} U_k}{\partial x_j} + \frac{\partial}{\partial x_j} \left(\lambda \frac{\partial T}{\partial x_j} \right) \tag{1.29}$$

où j et k sont des indices de sommation. e et k_{cin} sont respectivement, l'énergie interne massique et l'énergie cinétique massique.

Afin d'obtenir une forme plus pratique ne faisant apparaître que la température, on développe les termes représentant des dérivées de produits (d(uv)=vdu+udv) et on soustrait à cette équation les trois équations de quantité de mouvement ayant été au préalable multipliées par la composante du vecteur vitesse qu'elles représentent (par U_1 pour $i = 1$, par U_2 pour $i = 2$, par U_3 pour $i = 3$). On obtient :

$$\rho \frac{\partial e}{\partial t} + (\rho U_j) \frac{\partial e}{\partial x_j} + (k_{cin} + e) \left(\frac{\partial \rho}{\partial t} + \frac{\partial (\rho U_j)}{\partial x_j} \right) = -P \frac{\partial U_j}{\partial x_j} + \sigma'_{jk} \frac{\partial U_k}{\partial x_j} + \frac{\partial}{\partial x_j} \left(\lambda \frac{\partial T}{\partial x_j} \right) \tag{1.30}$$

Or, d'après l'équation de conservation de la masse, le troisième terme du membre de gauche est nul. Il reste donc :

$$\rho \frac{\partial e}{\partial t} + (\rho U_j) \frac{\partial e}{\partial x_j} = -P \frac{\partial U_j}{\partial x_j} + \sigma'_{jk} \frac{\partial U_k}{\partial x_j} + \frac{\partial}{\partial x_j} \left(\lambda \frac{\partial T}{\partial x_j} \right) \tag{1.31}$$

On peut faire apparaître l'enthalpie $H = e + \frac{P}{\rho}$ dans cette équation. En utilisant alors l'équation de continuité, on obtient :

$$\rho \frac{\partial H}{\partial t} + (\rho U_j) \frac{\partial H}{\partial x_j} = \frac{\partial P}{\partial t} + U_j \frac{\partial P}{\partial x_j} + \sigma'_{jk} \frac{\partial U_k}{\partial x_j} + \frac{\partial}{\partial x_j} \left(\lambda \frac{\partial T}{\partial x_j} \right) \tag{1.32}$$

Sachant que le fluide étudié est de l'air, considéré comme un gaz parfait, on a : $dH = C_p dT$, ce qui conduit, avec C_p constant, à :

$$\rho C_p \left(\frac{\partial T}{\partial t} + U_j \frac{\partial T}{\partial x_j} \right) = \frac{\partial P}{\partial t} + U_j \frac{\partial P}{\partial x_j} + \sigma'_{jk} \frac{\partial U_k}{\partial x_j} + \frac{\partial}{\partial x_j} \left(\lambda \frac{\partial T}{\partial x_j} \right) \tag{1.33}$$

Une fois adimensionnée, cette équation devient :

$$\rho^X C_p^X \frac{\partial T^X}{\partial t^X} + \rho^X C_p^X U_j^X \frac{\partial T^X}{\partial x_j^X} =$$

$$\frac{\gamma - 1}{\gamma} \frac{\partial P^X}{\partial t^X} + M_a^{-1} \frac{\gamma - 1}{\gamma} U_j^X \frac{\partial P^X}{\partial x_j^X} + \frac{\gamma - 1}{Re} \sigma'^X_{jk} \frac{\partial U_k^X}{\partial x_j^X} + \frac{1}{Pe} \frac{\partial}{\partial x_j^X} \left(\lambda^X \frac{\partial T^X}{\partial x_j^X} \right) \tag{1.34}$$

avec :
$$Pe = RePr = \frac{\rho^\star C_p^\star U_f x^\star}{\lambda^\star} \tag{1.35}$$

Le nombre de Péclet (Pe), produit du nombre de Reynolds et du nombre de Prandtl, traduit l'importance relative des transferts de chaleur par convection et par conduction thermique. Il est important de noter que le troisième terme du membre de droite de l'équation 1.34 est d'ordre M_a^2.

En ne conservant que les termes d'ordre inférieur à M_a^2 et en tenant compte du fait que $\frac{\partial P_0}{\partial x_i^X} = 0$, on obtient :

$$\rho_0 C_{p_0} \frac{\partial T_0}{\partial t^X} + \rho_0 C_{p_0} U_{j0} \frac{\partial T_0}{\partial x_j^X} = \frac{(\gamma - 1)}{\gamma} \frac{\partial P_0}{\partial t^X} + \frac{1}{PrRe} \frac{\partial}{\partial x_j^X} \left(\lambda_0 \frac{\partial T_0}{\partial x_j^X} \right) \tag{1.36}$$

Une fois remise sous forme dimensionnelle, l'équation de conservation de l'énergie, dans l'hypothèse de bas-Mach, s'écrit au final :

$$\rho C_p \left(\frac{\partial T}{\partial t} + U_j \frac{\partial T}{\partial x_j} \right) = \frac{\partial P_0}{\partial t} + \frac{\partial}{\partial x_j} \left(\lambda \frac{\partial T}{\partial x_j} \right) \tag{1.37}$$

Il est important de bien faire la différence entre les deux pressions P_0 et P_1 :
- P_0, apparaît dans l'équation de conservation de l'énergie (1.36). Elle est constante spatialement, et est qualifiée de pression thermodynamique (P_{thermo}). C'est cette pression qui intervient dans la loi d'état des gaz parfaits, qui s'écrit alors : $P_0 = \rho_0 T_0$, soit une fois remise sous forme dimensionnelle, $P_{thermo} = \rho RT$.
- P_1, qui peut varier spatialement, est appelée pression dynamique (P_{dyn}). Elle est utilisée dans l'équation de la conservation de quantité de mouvement (1.28).

Propriétés du fluide

Les grandes variations de température vont influer sur les propriétés du fluide. Les variations de densité sont déjà prises en compte dans les équations bas-Mach à l'aide de la loi des gaz parfaits. Par contre, les variations de la viscosité moléculaire et de la conductivité ne le sont pas encore. Aussi, nous utiliserons les équations de Sutherland, qui permettent de faire varier la viscosité et la conductivité en fonction de la température selon les formes suivantes :

$$\mu = 1.461.10^{-6} \frac{T^{1.5}}{T + 111} \tag{1.38}$$

$$\lambda = \frac{\mu C_p}{Pr} = \frac{1.468.10^{-3}}{Pr} \frac{T^{1.5}}{T + 111} \tag{1.39}$$

Avec la capacité calorifique $C_p = 1005\ J.kg^{-1}.K^{-1}$. Ces lois de variations sont les relations typiquement utilisées pour de l'air (White (1991)). Elles montrent que la conductivité thermique λ, la viscosité dynamique μ et la viscosité cinématique ($\nu = \frac{\mu}{\rho}$), augmentent avec la température. La loi de Sutherland est valide pour des températures comprises entre $220\ K$ et $1900\ K$.

Résumé

L'écoulement anisotherme d'un gaz parfait idéal à faible nombre de Mach est décrit par le système d'équations suivant :

$$\frac{\partial \rho}{\partial t} + \frac{\partial (\rho U_j)}{\partial x_j} = 0 \tag{1.40}$$

$$\rho \frac{\partial U_i}{\partial t} + \rho U_j \frac{\partial U_i}{\partial x_j} = -\frac{\partial P_{dyn}}{\partial x_i} + \frac{\partial}{\partial x_j}\left[\mu\left(\frac{\partial U_i}{\partial x_j} + \frac{\partial U_j}{\partial x_i}\right)\right] - \frac{2}{3}\frac{\partial}{\partial x_i}\left(\mu\frac{\partial U_j}{\partial x_j}\right) \tag{1.41}$$

$$\rho C_p \left(\frac{\partial T}{\partial t} + U_j \frac{\partial T}{\partial x_j}\right) = \frac{\partial P_{thermo}}{\partial t} + \frac{\partial}{\partial x_j}\left(\lambda \frac{\partial T}{\partial x_j}\right) \tag{1.42}$$

$$P_{thermo} = \rho R T \tag{1.43}$$

$$\frac{\partial P_{thermo}}{\partial x_i} = 0 \tag{1.44}$$

1.2 Simulation des grandes échelles thermiques (TLES)

Pourquoi la simulation numérique ?

La simulation numérique est une approche qui permet d'analyser des phénomènes qui par leur complexité échappent au calcul « traditionnel ». Cette complexité peut être de nature très différente.

– Elle peut être liée au nombre d'objets à prendre en compte. Ainsi, en utilisant les lois de la gravitation, le physicien sait calculer depuis longtemps le mouvement d'une planète autour d'une étoile. Par contre, seule la simulation numérique peut étudier le mouvement des quelques millions d'étoiles à l'intérieur d'une galaxie.

– On a recours à la simulation numérique lorsqu'un très grand nombre de paramètres doit être incorporé dans un calcul. La propagation d'une vague dans l'océan est gouvernée par la dynamique des fluides et il est possible de calculer sa vitesse dans des situations simples, idéalisées. Si, dans le cas d'un tsunami, on veut prédire avec une précision suffisante la hauteur de la vague en chaque point du littoral, il faut tenir compte dans les équations de la morphologie des fonds marins et du rivage sur toute la zone concernée.

– La complexité d'un problème peut aussi provenir du nombre de phénomènes qui interviennent. C'est en particulier le cas d'un écoulement turbulent au sein d'un récepteur solaire qui, sous pression, est soumis à d'importantes variations de température.

A quoi peuvent servir les simulations numériques ?

Sans prétendre à une description exhaustive, on peut dire que les simulations numériques peuvent permettre de :

– comprendre (recherche fondamentale ou appliquée),
– prédire (météorologie, climatologie, épidémiologie, ...),
– concevoir (automobile, aéronautique, génie civil,..).

Dans les domaines qui ont été évoqués, les outils traditionnels que sont devenus l'expérimentation, les tests ou les maquettages, sont devenus très coûteux en temps ou en argent, parfois insuffisamment représentatifs ou tout simplement impossible à réaliser pour diverses raisons (les essais nucléaires par exemple).

1.2.1 Principe général

Pour simuler un écoulement turbulent, il existe plusieurs méthodes différentes qui ont chacune leurs avantages et leurs inconvénients. La méthode numérique, permettant d'obtenir des résultats les plus précis et proches de la réalité, est la simulation numérique directe (DNS pour *"Direct Numerical Simulation"*). Cette approche résout complètement le système d'équations considéré. Elle nécessite un maillage très fin, afin de capter toutes les échelles de la turbulence. C'est une méthode très précise mais qui nécessite un temps de calcul considérable car la taille de la maille doit être plus petite que les échelles dissipatives pour la dynamique et pour la thermique. Quand la géométrie devient trop complexe ou que le nombre de phénomènes mis en jeux devient trop important, cette méthode n'est plus utilisable car numériquement trop coûteuse. Par conséquent, afin de réaliser des études complexes, on doit orienter son choix vers d'autres modélisations.

On peut utiliser les modèles RANS (Reynolds Averaged Navier-Stokes) qui consistent en une modélisation statistique de l'écoulement basée sur une décomposition de Reynolds ($(u = < u > + u')$) des équations. Chaque grandeur instantanée est considérée comme la somme d'une valeur moyenne et d'une valeur fluctuante. Les équations bilan sont alors moyennées, faisant apparaître un terme inconnu à modéliser. Ce terme est le tenseur de Reynolds ($\overline{u'u'}$). Le principal avantage de cette méthode est son temps de calcul qui est très abordable. Cependant, les grandeurs fluctuantes, et leurs effets sur l'écoulement, ne sont pas toujours bien prédits. Ce type de modèle est très utilisé par l'industrie mais ne permet pas, dans notre cas, de pouvoir réaliser une étude assez complète de l'écoulement (Serra *et al.* (2008)).

Le bon compromis entre ces deux méthodes est la simulation des grandes échelles (LES pour *"Large Eddy Simulation"*). En effet, cette méthode simule les grandes échelles, porteuses d'énergie (comme le ferait la DNS), et ne modélise que les petites échelles (figure 1.1). Les petites échelles (plus petites que le maillage) ont pour effet de dissiper l'énergie. De ce fait, la modélisation des petites structures n'induit pas de grosses erreurs par rapport à leurs véritables effets sur l'écoulement. Un filtrage des équations, en fonction du maillage, est réalisé pour séparer les grandes échelles des petites. Cette méthode permet d'obtenir des résultats précis sans pour autant avoir à payer le prix, en temps de calcul, d'une DNS.

Pour mieux comprendre la différence entre ces trois méthodes, on peut voir sur la figure 1.2, dans l'espace spectral, les parties du spectre d'énergie qui sont simulées et celles qui sont modélisées par chaque méthode. Ces trois méthodes ne sont pas les seules mais sont les plus utilisées (le lecteur pourra se référer aux ouvrages de Spalart (2000) et Fureby et Grinstein (2002) pour avoir des informations sur d'autres méthodes).

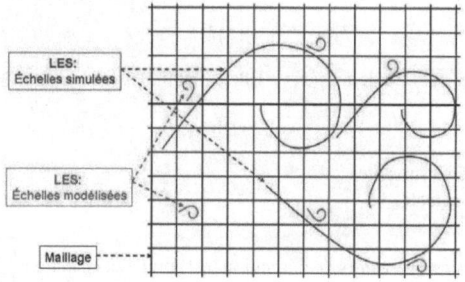

FIGURE 1.1 – Principe de la LES

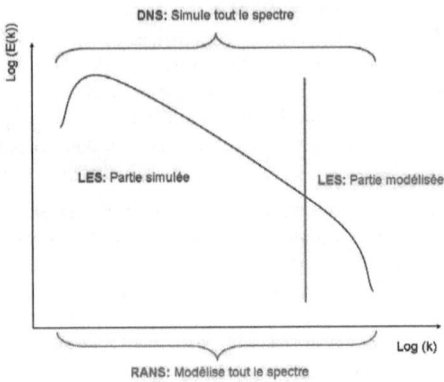

FIGURE 1.2 – Comparaison des méthodes DNS, LES et RANS

1.2.2 Système d'équations filtrées

La différentiation entre les grandes et les petites échelles pour l'utilisation de la LES se fait à partir d'un filtrage des équations de bilan (le lecteur pourra se référer aux ouvrages de Sagaut (1998) et de Lesieur *et al.* (2005) pour des informations plus complètes sur la TLES).

La séparation d'échelle de turbulence est obtenue par application d'un filtre noté $G(x, t)$ dans l'espace physique et $\widehat{G}(k, t)$ dans l'espace spectral. Soit $\phi(x, t)$ une variable spatio-temporelle, nous noterons $\widehat{\phi}(k, t)$ sa transformée de Fourier en espace et $\overline{\phi}(x, t)$ la variable filtrée correspondante. La relation entre les variables $\phi(x, t)$ et $\overline{\phi}(x, t)$ est donnée par un produit dans l'espace spectral (1.45) et un produit de convolution dans l'espace physique (1.46) :

$$\widehat{\overline{\phi}}(k, t) = \widehat{G}(k, t)\widehat{\phi}(k, t) \tag{1.45}$$

$$\overline{\phi}(x, t) = [G * \phi](x, t) \tag{1.46}$$

La partie non résolue de $\phi(x, t)$ est noté $\phi'(x, t)$. Elle est définie par :

$$\phi'(x, t) = \phi(x, t) - \overline{\phi}(x, t) \tag{1.47}$$

Le filtre vérifie les propriétés suivantes :
– conservation des constantes : $\overline{a} = a$,
– linéarité : $\overline{\phi + \psi} = \overline{\phi} + \overline{\psi}$,
– commutativité avec les opérateurs de dérivation temporelle et spatiale : $\overline{\dfrac{\partial \phi}{\partial s}} = \dfrac{\partial \overline{\phi}}{\partial s}$.

La largeur du filtre Δ issu de la discrétisation des équations sur une grille de calcul est géné-ralement donnée, dans le cas de maillage cartésiens orthogonaux (ce qui est le cas pour notre étude), par :

$$\Delta = \sqrt[3]{\Delta\,x\,\Delta\,y\,\Delta\,z} \tag{1.48}$$

$\Delta\,x$, $\Delta\,y$ et $\Delta\,z$ sont les pas du maillage suivant les trois directions de l'espace.

On peut considérer que le filtrage opéré sur le champ total résulte de plusieurs paramètres :
- le filtre associé à la taille de la maille qui est de largeur 2 Δ,
- le filtre induit par les erreurs numériques (schéma de convection, d'avancée en temps),
- le filtrage associé aux erreurs de modélisation.

En appliquant un filtrage aux équations bas-Mach établies dans la section 1.1 (équations (1.40), (1.41) et (1.42)), on obtient le système d'équations suivant :

$$\frac{\partial\overline{\rho}}{\partial t} + \frac{\partial\left(\overline{\rho U_j}\right)}{\partial x_j} = 0 \tag{1.49}$$

$$\frac{\partial\overline{\rho U_i}}{\partial t} + \frac{\partial\overline{\rho U_j U_i}}{\partial x_j} = -\frac{\partial\overline{P_{dyn}}}{\partial x_i} + \frac{\partial}{\partial x_j}\left[\overline{\mu\left(\frac{\partial U_i}{\partial x_j} + \frac{\partial U_j}{\partial x_i}\right)}\right] - \frac{2}{3}\frac{\partial}{\partial x_i}\left(\overline{\mu\frac{\partial U_j}{\partial x_j}}\right) \tag{1.50}$$

$$C_p\left(\frac{\partial\overline{\rho T}}{\partial t} + \frac{\partial\overline{\rho U_j T}}{\partial x_j}\right) = \frac{\partial\overline{P_{thermo}}}{\partial t} + \frac{\partial}{\partial x_j}\left(\overline{\lambda\frac{\partial T}{\partial x_j}}\right) \tag{1.51}$$

$$\overline{P_{thermo}} = R\overline{\rho T} \tag{1.52}$$

$$\frac{\partial\overline{P_{thermo}}}{\partial x_i} = 0 \tag{1.53}$$

La densité variant fortement dans notre étude, l'utilisation d'un autre type de filtrage, basé sur la moyenne de Favre, est préférable. Ce filtrage, symbolisée par $\widetilde{()}$, a comme avantage de pouvoir de s'affranchir des termes double et triple : $\overline{\rho U_j}$, $\overline{\rho U_i}$, $\overline{\rho T}$, $\overline{\rho U_i U_j}$ et $\overline{\rho U_j T}$.

La moyenne de Favre de la variable ϕ est définie de la façon suivante :

$$\widetilde{\phi} = \frac{\overline{\rho\phi}}{\overline{\rho}} \tag{1.54}$$

Dans ce cas là, la partie non résolue de ϕ, notée ϕ'', est définie par :

$$\phi'' = \phi - \widetilde{\phi} \tag{1.55}$$

En utilisant ce filtrage, les équations de bas-Mach deviennent :

$$\frac{\partial \bar{\rho}}{\partial t} + \frac{\partial \left(\bar{\rho}\widetilde{U_j}\right)}{\partial x_j} = 0 \tag{1.56}$$

$$\frac{\partial \bar{\rho}\widetilde{U_i}}{\partial t} + \frac{\partial \bar{\rho}\widetilde{U_j}\widetilde{U_i}}{\partial x_j} = -\frac{\partial \overline{P_{dyn}}}{\partial x_i} + \frac{\partial}{\partial x_j}\left[\overline{\mu}\left(\frac{\partial \widetilde{U_i}}{\partial x_j} + \frac{\partial \widetilde{U_j}}{\partial x_i}\right)\right] - \frac{2}{3}\frac{\partial}{\partial x_i}\left(\overline{\mu}\frac{\partial \widetilde{U_j}}{\partial x_j}\right) \tag{1.57}$$

$$C_p\left(\frac{\partial \bar{\rho}\widetilde{T}}{\partial t} + \frac{\partial \bar{\rho}\widetilde{U_j}\widetilde{T}}{\partial x_j}\right) = \frac{\partial \overline{P_{thermo}}}{\partial t} + \frac{\partial}{\partial x_j}\left(\overline{\lambda}\frac{\partial \widetilde{T}}{\partial x_j}\right) \tag{1.58}$$

$$\overline{P_{thermo}} = R\bar{\rho}\widetilde{T} \tag{1.59}$$

$$\frac{\partial \overline{P_{thermo}}}{\partial x_i} = 0 \tag{1.60}$$

Dans ces équations, les corrélations viscosité-gradient de vitesse et conductivité-gradient de température sont négligées.

Il reste encore deux termes non résolus : $\widetilde{U_iU_j}$ et $\widetilde{U_jT}$. En utilisant la décomposition dite double, introduite par Leonard (1974), on exprime ces deux termes en fonction de $\widetilde{U}$, U'', $\widetilde{T}$, et T'' :

$$\begin{cases} \widetilde{U_iU_j} = \widetilde{\left(\widetilde{U_i} + U_i''\right)\left(\widetilde{U_j} + U_j''\right)} = \widetilde{\widetilde{U_i}\widetilde{U_j}} + \widetilde{\widetilde{U_i}U_j''} + \widetilde{U_i''\widetilde{U_j}} + \widetilde{U_i''U_j''} \tag{1.61} \\ \widetilde{U_jT} = \widetilde{\left(\widetilde{U_j} + U_j''\right)\left(\widetilde{T} + T''\right)} = \widetilde{\widetilde{U_j}\widetilde{T}} + \widetilde{\widetilde{U_j}T''} + \widetilde{U_j''\widetilde{T}} + \widetilde{U_j''T''} \tag{1.62} \end{cases}$$

Ceci permet de transformer les équations (1.57) et (1.58) :

$$\frac{\partial \bar{\rho}\widetilde{U_i}}{\partial t} + \frac{\partial(\bar{\rho}\widetilde{U_i}\widetilde{U_j})}{\partial x_j} = -\frac{\partial \overline{P'}}{\partial x_i} + \frac{\partial}{\partial x_j}\left[\overline{\mu}\left(\frac{\partial \widetilde{U_i}}{\partial x_j} + \frac{\partial \widetilde{U_j}}{\partial x_i}\right)\right] - \frac{2}{3}\frac{\partial}{\partial x_i}\left(\overline{\mu}\frac{\partial \widetilde{U_j}}{\partial x_j}\right) - \frac{\partial \bar{\rho}\tau_{ij}}{\partial x_j} \tag{1.63}$$

$$Cp\left(\frac{\partial(\bar{\rho}\widetilde{T})}{\partial t} + \frac{\partial(\bar{\rho}\widetilde{U_j}\widetilde{T})}{\partial x_j}\right) = \frac{\partial \overline{P_{thermo}}}{\partial t} + \frac{\partial}{\partial x_j}\left(\overline{\lambda}\frac{\partial \widetilde{T}}{\partial x_j}\right) - \frac{\partial \bar{\rho}Cp\Im_j}{\partial x_j} \tag{1.64}$$

où

$$\begin{cases} \tau_{ij} = \widetilde{\widetilde{U_i}U_j''} + \widetilde{U_i''\widetilde{U_j}} + \widetilde{U_i''U_j''} = \tilde{C}_{ij} + \tilde{R}_{ij} + \tilde{L}_{ij} = \widetilde{U_iU_j} - \widetilde{U_i}\widetilde{U_j} \tag{1.65} \\ \Im_j = \widetilde{\widetilde{U_j}T''} + \widetilde{U_j''\widetilde{T}} + \widetilde{U_j''T''} = \tilde{C}_{jT} + \tilde{R}_{jT} + \tilde{L}_{jT} = \widetilde{U_jT} - \widetilde{U_j}\widetilde{T} \tag{1.66} \end{cases}$$

$$\text{avec} \begin{cases} \tilde{C}_{ij} = \widetilde{\tilde{U}_i U_j''} + \widetilde{U_i'' \tilde{U}_j} \\ \tilde{R}_{ij} = \widetilde{U_i'' U_j''} \\ \tilde{L}_{ij} = \widetilde{\tilde{U}_i \tilde{U}_j} - \tilde{U}_i \tilde{U}_j \end{cases} \quad \text{et} \begin{cases} \tilde{C}_{jT} = \widetilde{\tilde{U}_j T''} + \widetilde{U_j'' \tilde{T}} \\ \tilde{R}_{jT} = \widetilde{U_j'' T''} \\ \tilde{L}_{jT} = \widetilde{\tilde{U}_j \tilde{T}} - \tilde{U}_j \tilde{T} \end{cases}$$

Les deux termes τ_{ij} et $\Im_j$ sont les deux termes qui restent à modéliser pour fermer les équations bas-Mach en LES. Ces deux termes représentent l'effet des petites échelles sur les grandes échelles.

Il est à noter que les modèles sous-mailles détaillés ci-après correspondent à ceux utilisés au cours de notre étude mais ne sont pas les seuls disponibles. Il existe de nombreux modèles sous-mailles pour modéliser le tenseur τ_{ij} et le flux $\Im_j$. Dans son ouvrage, Sagaut (1998) propose une classification des différentes modélisations pour ces deux termes sous-maille. Les modélisations sont représentées schématiquement sur les figures 1.3 et 1.4. Les modèles encadrés en rouge, sont ceux utilisés dans notre étude et détaillés dans cette section. On pourra trouver des revues plus complètes de modèles sous-maille dans Lesieur et Métais (1996), Sagaut (1998) et Meneveau et Katz (2000).

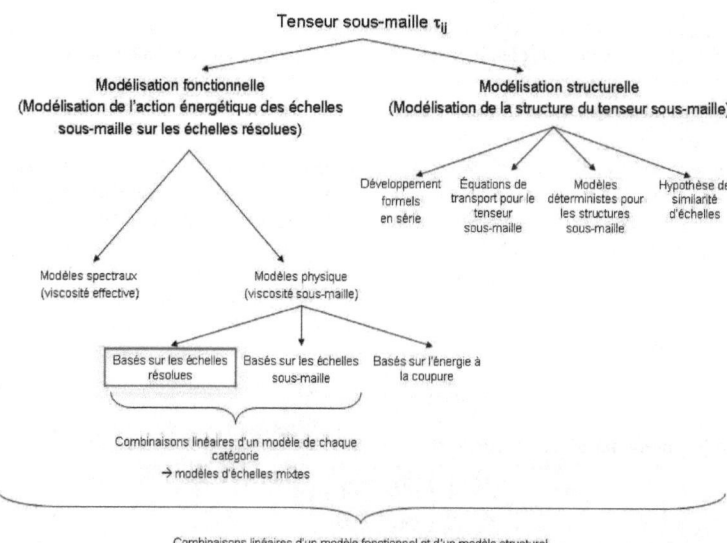

FIGURE 1.3 – Proposition de classification des modèles pour le tenseur sous-maille

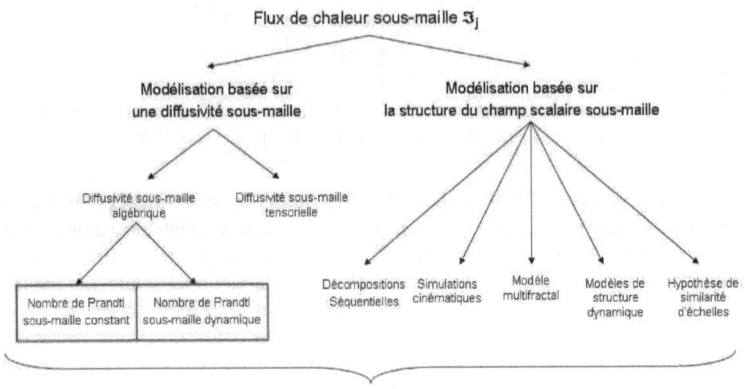

FIGURE 1.4 – Proposition de classification des modèles pour le flux de chaleur sous-maille

1.2.3 Modélisation sous-maille pour le tenseur τ_{ij}

Le tenseur sous-maille τ_{ij}, présent dans l'équation (1.63), représente l'effet des petites échelles de vitesse sur les grandes échelles. La méthode que l'on utilise suppose que le transfert direct vers les échelles sous-maille (énergie transférée des grandes échelles vers les petites) peut être représenté par un terme de diffusion faisant apparaître la viscosité sous-maille aussi appelée hypothèse de viscosité turbulente (hypothèse de Boussinesq). Le transfert inverse, la cascade d'énergie transmise des petites échelles vers les grandes échelles, est supposé négligeable.

Ce modèle se traduit par

$$\tau_{ij} - \frac{1}{3}\delta_{ij}\tau_{kk} = -2\nu_{sm}\widetilde{S}_{ij} \qquad (1.67)$$

où $\widetilde{S}_{ij}$ est le tenseur des déformations filtré :

$$\widetilde{S}_{ij} = \frac{1}{2}\left(\frac{\partial \widetilde{U}_i}{\partial x_j} + \frac{\partial \widetilde{U}_j}{\partial x_i}\right) \qquad (1.68)$$

Comme seule la partie anisotrope du tenseur sous-maille est modélisée, la partie isotrope τ_{kk} de ce tenseur est ajoutée à la pression dynamique dans l'équation (1.63) :

$$\overline{P'} = \overline{P_{dyn}} + \frac{1}{3}\overline{\rho}\tau_{kk} \qquad (1.69)$$

Il existe plusieurs modèles qui proposent une expression de ν_{sm}. Le plus connu est le modèle de Smagorinsky (Smagorinsky (1963)) qui est basé sur une hypothèse dans laquelle on considère que la viscosité sous-maille est proportionnelle à :

- une échelle de longueur associée au filtrage des équations, à savoir, la taille caractéristique du maillage (noté $\triangle$),
- une échelle de vitesse déterminée par le produit $\triangle \|\widetilde{S}\|$, où $\|\widetilde{S}\|$ est la norme du tenseur des taux de déformations résolus définie par :

$$\|\widetilde{S}\| = \sqrt{2\widetilde{S}_{ij}\widetilde{S}_{ij}} \tag{1.70}$$

Finalement, l'écriture du modèle de Smagorinsky se fait de la façon suivante

$$\nu_{sm} = \left(C_s \widetilde{\triangle}\right)^2 \|\widetilde{S}\| \tag{1.71}$$

où C_s est une constante déterminée d'après l'hypothèse d'équilibre local entre production et dissipation de l'énergie cinétique turbulente.

Ce modèle est le plus ancien et le plus simple. Il sert encore souvent de modèle de référence. Cependant il présente plusieurs inconvénients (Germano *et al.* (1991); Meneveau et Katz (2000)) :

- la constante C_s n'est pas universelle, dans la pratique elle doit être adaptée au cas par cas,
- il est trop dissipatif,
- il ne s'annule pas à la paroi,
- il simule mal les régimes de transition laminaire-turbulent,
- il ne peut pas simuler la cascade d'énergie inverse (*backscatter*).

De plus, dans le cadre des faibles nombres de Reynolds certaines hypothèses ne sont plus justifiées, ce qui a pour conséquence sur le modèle de surestimer la viscosité sous-maille. Voke (1994) a étudié l'utilisation d'autres formes de spectres plus exactes dans de telles situations. L'allure du spectre peut également être modifiée sous l'effet de mécanismes influant sur la dynamique de la turbulence (intermittence, effets de compressibilité, thermique...). Bataille *et al.* (2005) ont proposé une méthode générale permettant de dériver un modèle sous-maille à partir d'une forme de spectre donnée.

Pour notre étude, nous allons utiliser un modèle, également basé sur les échelles résolues, mais qui prend en compte à la fois le tenseur des déformations et le tenseur de rotation afin d'améliorer les performances de la LES. Ce modèle, proposé par Nicoud et Ducros (1999) est le modèle WALE pour *Wall Adapting Local Eddy*. L'avantage de prendre en compte le tenseur de rotation est de rendre le modèle invariant par translation ou rotation des coordonnées et d'être utilisable pour des géométries plus complexes. Sa formulation est :

$$\nu_{sm} = \left(C_w \widetilde{\triangle}\right)^2 \frac{\left(s_{ij}^d s_{ij}^d\right)^{3/2}}{\left(\widetilde{S}_{ij}\widetilde{S}_{ij}\right)^{5/2} + \left(s_{ij}^d s_{ij}^d\right)^{5/4}} \tag{1.72}$$

où C_w est une constante et,

$$s_{ij}^d = \widetilde{S}_{ik}\widetilde{S}_{kj} + \widetilde{\Omega}_{ik}\widetilde{\Omega}_{kj} - \frac{1}{3}\delta_{ij}\left(\widetilde{S}_{mn}\widetilde{S}_{mn} - \widetilde{\Omega}_{mn}\widetilde{\Omega}_{mn}\right) \tag{1.73}$$

avec :

$$\widetilde{\Omega}_{ij} = \frac{1}{2}\left(\frac{\partial \widetilde{U}_i}{\partial x_j} - \frac{\partial \widetilde{U}_j}{\partial x_i}\right) \tag{1.74}$$

Les auteurs ont observé les améliorations apportées par ce modèle par rapport au modèle de Smagorinsky dans le cas test de turbulence isotrope et d'un écoulement en canal. La viscosité sous-maille s'annule à la paroi en suivant la loi désirée ($\propto y^3$) et le modèle est capable de simuler les régimes transitoires.

Ces deux modèles ne sont pas les seuls modèles fonctionnels. Métais et Lesieur (1992) ou Ackermann et Métais (2001) ont travaillé sur d'autres modèles fonctionnels, nommés modèles de la fonction de structure. Pour plus d'informations sur les autres modèles tel que les modèles structurels, on peut se référer à Deardorff (1973), Bardina *et al.* (1980). Il est aussi important de noter l'existence de modèles dynamiques, développés par Germano *et al.* (1991), basés sur un filtrage multiple.

Etudes comparant différents modèles de tenseur sous-maille.

Une étude très complète d'une couche de mélange temporelle dans un écoulement faible-ment compressible a été réalisée par Vreman *et al.* (1997). Dans cette étude, ils comparent le modèle Smagorinsky, le modèle Smagorinsky dynamique, le modèle de similarité d'échelles, le modèle du gradient (similarité d'échelle+développement de Taylor pour ne garder que les termes de petit ordre), un modèle mixte (Smagorinsky+gradient), et un modèle mixte (Sma-gorinsky+similarité d'échelles) dynamique. Ils notent que le modèle Smagorinsky surestime la dissipation tandis que, le modèle de similarité d'échelles et le modèle de gradient la sous-estime. Les trois modèles dynamiques donnent de meilleurs résultats, mais ont tous un domaine d'application privilégié. Le modèle mixte dynamique est plus performant dans le cas d'écoule-ment à faible nombre de Reynolds. Quand le nombre de Reynolds augmente, il est préférable d'utiliser le modèle Smagorinsky dynamique.

Sarghini *et al.* (1999) compare le modèle Smagorinsky à plusieurs modèles mixtes dans deux configurations différentes. Les configurations étudiées sont un canal plan à fort nombre de Reynolds en 2D et un écoulement 3D en canal dont la paroi du bas se déplace transversalement. Ici aussi, le modèle Smagorinsky se montre moins précis que les modèles mixtes. Dans cette étude, le modèle mixte dynamique avec stabilisation lagrangienne à un coefficient est préféré aux autres.

Worthy (2003) compare, dans le cas de panaches flottants, différents modèles. La première conclusion de cette étude est, que les modèles fonctionnels surestiment la dissipation due aux petites échelles ce qui a pour effet de retarder la transition à la turbulence. Il montre aussi que les modèles structurels rendent mieux compte de cette transition. Le choix final de cette étude est un modèle mixte avec utilisation d'une méthode dynamique qui permet une bonne transition tout en limitant l'effet dissipatif.

Un projet européen étudie par LES, un écoulement autour d'un profil d'aile en utilisant plusieurs modèles. Mellen *et al.* (2003) font une synthèse de ces modèles qui sont, le modèle de Smagorinsky, le modèle de Smagorinsky dynamique, le modèle Smagorinsky associé à une fonction d'amortissement, le modèle de WALE et un modèle mixte sélectif. Les conclusions de cette étude ne montrent pas de grosses différences selon le choix du modèle, sachant que l'effet du maillage est important.

Awad et Lacor (2009) étudient les performances d'un modèle "horizontal" de LES. Cette étude porte sur un écoulement stratifié sans rotation dans un domaine en escalier. Dans cette étude sont testés trois modèles différents : le modèle de Smagorinsky, le modèle de Uittenbogaard (basé sur le modèle de Smagorinsky mais qui prend en compte l'effet dissipatif dû aux contraintes de cisaillement sur le fond) et un modèle basé sur deux longueurs de mélange. La conclusion de cette étude montre que le modèle à deux longueurs de mélange donne de meilleurs résultats que les deux autres modèles, en particulier, pour un écoulement horizontal. Il rend mieux compte de l'anisotropie de l'écoulement.

Enfin, Brillant *et al.* (2004) compare plusieurs modèles dynamiques, se différenciant par leur méthode de stabilisation de la constante, au modèle WALE. Ces résultats sont très intéressants pour notre étude car ils sont obtenus à l'aide du code Trio_U (code utilisé dans notre étude, voir partie 1.3) et dans la même géométrie que celle étudiée dans le présent manuscrit. Ils montrent que le choix du modèle influe peu. Le modèle dynamique avec la procédure de stabilisation lagrangienne donne des résultats légèrement plus proches de ceux de DNS trouvés dans la littérature mais seul le modèle WALE permet d'assurer que la viscosité sous-maille suive une loi en y^3 à la paroi.

1.2.4 Modélisation sous-maille pour le flux $\Im_j$

La modélisation du flux de chaleur sous-maille, donnée par l'équation (1.66), repose souvent sur une approche Fickienne, tout comme l'hypothèse de Boussinesq pour la modélisation du tenseur τ_{ij}. Par analogie à la loi de Fourier (Montreuil (2000)), le flux de chaleur sous-maille est relié au gradient de température, résolu à l'aide d'une diffusivité sous-maille, κ_{sm} :

$$\Im_j = \kappa_{sm}\frac{\partial \widetilde{T}}{\partial x_j} \tag{1.75}$$

On introduit la notion de Prandtl sous-maille, Pr_{sm}, qui est défini par :

$$Pr_{sm} = \frac{\nu_{sm}}{\kappa_{sm}} = \frac{\tau_{ij}}{\Im_j}\frac{\partial \widetilde{T}/\partial x_i}{\partial \widetilde{u}_i/\partial x_j} \tag{1.76}$$

Dans notre étude, deux modèles différents seront testés. Le premier, le plus simple, fait l'hypothèse que le nombre de Prandtl sous-maille est constant ($Pr_{sm} = 0,9$ voir Husson (2007)). Ceci revient à considérer que les phénomènes sous-maille thermiques sont déterminés par l'évolution sous-maille dynamique de l'écoulement et non du champ de température résolue. Cette hypothèse peut être mise en défaut dans certaines configurations pour lesquelles les variations de température sont très importantes (ce qui est notre cas). Un autre désavantage de ce modèle est le fait qu'il ne puisse pas prendre en compte l'anisotropie. Brillant (2004) montre qu'il ne permet pas à la diffusivité sous-maille d'avoir le bon comportement asymptotique en proche paroi.

Le second modèle sous-maille thermique utilisé dans notre étude est un modèle dit dynamique. Le principe des modèles dynamiques thermiques a été adapté par Moin *et al.* (1991) du modèle dynamique proposé par Germano *et al.* (1991) pour la vitesse. Il définit deux filtres :

- un filtre $\widetilde{()}$ qui est défini par la discrétisation du maillage et le nombre d'onde de coupure k_c,
- un filtre test $\widehat{()}$ de longueur de coupure $k_{c2} > k_c$. Généralement, la largeur de ce filtre est prise dans l'espace physique égale à : $\widehat{\Delta} = 2\Delta$.

On obtient ainsi deux flux de chaleur sous-maille, $\Im_j$ et $\jmath_j$:

$$\left\{ \begin{array}{l} \Im_j = \widetilde{TU_j} - \widetilde{T}\widetilde{U_j} \\ \jmath_j = \widehat{\widetilde{TU_j}} - \widehat{\widetilde{T}}\widehat{\widetilde{U_j}} \end{array} \right. \tag{1.77}$$

Ces deux termes sont modélisés en ajoutant une diffusivité sous-maille :

$$\left\{ \begin{array}{l} \Im_j = -2C^2\widetilde{\Delta}^2\|\widetilde{S}\|\frac{\partial \widetilde{T}}{\partial x_j} \\ \jmath_j = -2C^2\widehat{\widetilde{\Delta}}^2\|\widehat{\widetilde{S}}\|\frac{\partial \widehat{\widetilde{T}}}{\partial x_j} \end{array} \right. \tag{1.78}$$

On suppose que la constante C est la même pour les deux filtres considérés. Cette constante regroupe la constante de Smagorinsky et le nombre de Prandtl sous-maille : $C^2 = C'^2_{smago}/Pr_{sm}$. On introduit ensuite le flux turbulent résolu $\mathcal{L}_j$ défini par :

$$\mathcal{L}_j = \widehat{\widetilde{TU_j}} - \widehat{\widetilde{T}}\widehat{\widetilde{U_j}} \tag{1.79}$$

et vérifiant la relation :

$$\mathcal{L}_j = \jmath_j - \widehat{\Im_j} = -2\left[C^2\widehat{\widetilde{\Delta}}^2\|\widehat{\widetilde{S}}\|\frac{\partial \widehat{\widetilde{T}}}{\partial x_j} - \left(\widehat{C^2\widetilde{\Delta}^2\|\widetilde{S}\|\frac{\partial \widetilde{T}}{\partial x_j}} \right) \right] \tag{1.80}$$

L'équation 1.80 permet d'exprimer la constante C si on suppose qu'elle peur être extraite du produit filtré et mise en facteur

$$\mathcal{L}_j = C^2 M_j \tag{1.81}$$

avec :

$$M_j = 2\left[\left(\widehat{\widetilde{\Delta}^2\|\widetilde{S}\|\frac{\partial \widetilde{T}}{\partial x_j}} \right) - \widehat{\widetilde{\Delta}}^2\|\widehat{\widetilde{S}}\|\frac{\partial \widehat{\widetilde{T}}}{\partial x_j} \right] \tag{1.82}$$

On définit la fonction erreur par :

$$\epsilon_j = \mathcal{L}_j - C^2 M_j \tag{1.83}$$

Une méthode d'estimation par minimisation de résidu est alors mise en place pour calculer C. Cette relation, représentant un système d'équations indépendantes, donne plusieurs solutions. Afin d'obtenir une solution unique, Lilly (1992) propose d'utiliser une minimisation des moindres carrés,

$$\frac{\partial \epsilon_j \epsilon_j}{\partial C^2} = 0 \tag{1.84}$$

ce qui nous permet d'obtenir l'expression de la constante du modèle :

$$C^2 = \frac{\mathcal{L}_j M_j}{M_k M_k}$$ (1.85)

Ce modèle a été validé, par comparaison à des DNS, par Moin *et al.* (1991) dans plusieurs configurations différentes : turbulence isotrope à faible nombre de Reynolds (nombre de Reynolds basé sur la micro-échelle de Taylor de $Re_\lambda = 35.1$ et de $Re_\lambda = 70$), écoulement homogène incompressible cisaillé à faible nombre de Reynolds ($Re_\lambda = 26$ et $Re_\lambda = 52$), écoulement en canal ($Re_b = 3300$) pour des nombres de Prandtl variant de 0,1 à 2 ainsi que des écoulements isotropes quasi-incompressibles ($60 < Re_\lambda < 72$) et compressibles. Une comparaison avec un modèle à nombre de Prandtl sous-maille constant a été réalisée et a montré que pour un écoulement compressible ($Re_\lambda = 250$), le modèle dynamique ne produit pas d'accumulation d'énergie excessive aux nombres d'ondes élevés.

Brillant *et al.* (2004) et Brillant *et al.* (2006) proposent des modèles dynamiques, avec adaptation aux flux sous-maille, avec différentes procédures de stabilisation de la constante (moyennage sur 6 points, moyennage dans une direction d'homogénéité, moyennage d'Euler et moyennage de Lagrange). Ils montrent que dans le cas d'un écoulement turbulent ($Re_{\tau m} = 180$) en canal plan (géométrie étudiée dans notre cas) avec de faibles écarts de température, l'utilisation d'un modèle à Pr_{sm} dynamique n'influe que très peu par rapport à un modèle à Pr_{sm} constant. Cette étude est réalisée par comparaison avec des DNS.

Husson (2007) pousse cette étude jusqu'à un rapport de température de 2 et obtient la même conclusion. Pour un écoulement à faible intensité turbulente ($Re_{\tau m} = 180$) et pour un rapport de température allant jusqu'à 2, il n'est pas nécessaire d'utiliser un modèle sous-maille thermique complexe. La question reste ouverte quand à l'intérêt de l'utilisation d'un modèle dynamique pour de variations de températures ou des intensités turbulentes plus importantes. Cette question sera étudiée dans la partie 2.4.

Pour plus d'informations sur d'autres modèles sous-mailles thermiques, on pourra se référer à Sergent *et al.* (2000) et Sergent *et al.* (2003) pour les modèles d'échelles mixtes qui utilisent une diffusivité sous-maille algébrique. Pour des modèles à diffusivité sous-maille tensorielle, Pullin (2000) a proposé un modèle basé sur la convection par un tourbillon. Bataille *et al.* (2005) ont proposé une méthode générale pour dériver des modèles de diffusivité sous-maille en prenant en compte un spectre de température de forme donnée et de fréquence de coupure thermique indépendant de celle du champs dynamique et donc potentiellement différente de celle-ci. Peng et Davidson (2002) ainsi que Worthy (2003) ont adapté un modèle pour méthode RANS, GGDH (*Généralised Gradient Diffusion Hypothesis*) de Daly et Harlow (1970), à de la LES. Toujours, dans les modèles à diffusivité sous-maille tensorielle, Montreuil *et al.* (1999), Montreuil (2000) et Montreuil *et al.* (2005)) proposent deux modèles vectoriels (explicite et implicite) basés sur des fermetures utilisées pour les méthodes RANS. Enfin, il existe des modèles basés sur la structure du champ de température sous-maille. Ces modèles peuvent utiliser la similarité d'échelle (Jaberi et Colucci (2003), Katopodes *et al.* (2000)) qui considère que les grandes échelles sous-maille sont du même ordre que les petites échelles résolues. De nombreux modèles mixtes ont été étudiés (Erlebacher *et al.* (1992), Jaberi et Colucci (2003) ou Jimenez *et al.* (2001)). Il existe aussi des méthodes dynamiques (Chumakov et Rutland (2004)), basées sur des décompositions séquentielles (Jaberi et Colucci (2003)), des simulations cinématiques (Flohr et Vassilicos (2000)) ou encore des modèles multifractal (Burton (2004)).

Résumé

Le système d'équation bas-Mach, en LES, utilisé dans cette étude est le suivant :

$$\frac{\partial \overline{\rho}}{\partial t} + \frac{\partial \left(\overline{\rho} \widetilde{U_j}\right)}{\partial x_j} = 0 \tag{1.86}$$

$$\frac{\partial \overline{\rho} \widetilde{U_i}}{\partial t} + \frac{\partial (\overline{\rho} \widetilde{U_i} \widetilde{U_j})}{\partial x_j} = -\frac{\partial \overline{P'}}{\partial x_i} + \frac{\partial}{\partial x_j}\left[\overline{\mu}\left(\frac{\partial \widetilde{U_i}}{\partial x_j} + \frac{\partial \widetilde{U_j}}{\partial x_i}\right)\right] - \frac{2}{3}\frac{\partial}{\partial x_i}\left(\overline{\mu}\frac{\partial \widetilde{U_j}}{\partial x_j}\right) - \frac{\partial \overline{\rho} \tau_{ij}}{\partial x_j} \tag{1.87}$$

$$Cp\left(\frac{\partial (\overline{\rho} \widetilde{T})}{\partial t} + \frac{\partial (\overline{\rho} \widetilde{U_j} \widetilde{T})}{\partial x_j}\right) = \frac{\partial \overline{P_{thermo}}}{\partial t} + \frac{\partial}{\partial x_j}\left(\overline{\lambda}\frac{\partial \widetilde{T}}{\partial x_j}\right) - \frac{\partial \overline{\rho} Cp \Im_j}{\partial x_j} \tag{1.88}$$

$$\overline{P_{thermo}} = R\overline{\rho}\widetilde{T} \tag{1.89}$$

$$\frac{\partial \overline{P_{thermo}}}{\partial x_i} = 0 \tag{1.90}$$

Avec τ_{ij} calculé grâce au modèle WALE, et $\Im_j$ calculé grâce à des modèles introduisant une diffusivité sous-maille considérant un nombre de Prandtl sous-maille constant ou dynamique.

1.3 Schémas numériques et algorithmes de résolution

Pour réaliser nos simulations numériques, nous utilisons le code de calcul Trio_U, développé par le CEA de Grenoble. Trio_U est un logiciel de thermohydraulique codé en C++ (langage orienté objet). Il a comme avantage d'avoir était conçu dès le départ comme une application parallèle. Des informations plus détaillées sur le code de calcul peuvent être trouvées dans Calvin *et al.* (2002), Duquennoy et Ledac (2002) ou Quarteroni *et al.* (2000).

1.3.1 Méthode des Volumes Finis

Dans le tableau 1.1 sont présentés succinctement les avantages et les inconvénients des trois principales méthodes (Dautray et Lions (1985)). Ces méthodes sont les plus courantes, mais il en existe d'autres, comme par exemple la méthode des éléments frontières, la méthode de Boltzmann sur réseau, ...

	Méthode des Volumes Finis (MVF)
Avantages	Lois de conservation satisfaites par construction
Inconvénients	Analyse mathématique moins développée que pour la MEF
	Imposition des conditions aux limites moins naturelle que pour la MEF
	Méthode des Différences Finis (MDF)
Avantages	Facile à implanter
Inconvénients	Conservation non garantie
	Traitement de géométries simples
	Méthode des Eléments Finis (MEF)
Avantages	Traitement de géométries complexes
	Analyse mathématique existante
	Imposition naturelle des conditions aux limites
Inconvénients	Matrices sans structure particulière dans le cas de maillages non structurés
	Lois de conservation difficiles à satisfaire

TABLE 1.1 – Avantages et inconvénients des différentes méthodes de discrétisation.

Dans notre étude, nous utiliserons la méthode des Volumes Différences Finis (appelée VDF, dans le code de calcul Trio_U), qui est présenté ci-dessous. Cette méthode a pour principal avantage de bien satisfaire les lois de conservation. Afin de d'écrire les équations en formulation Volumes Finis, il faut définir les volumes de contrôle. Leur définition dépend de la discrétisation choisie. Soit V, un volume de contrôle pour la conservation de la masse, W, un volume de contrôle pour la conservation de la quantité de mouvement, et K un volume de contrôle pour la conservation de l'énergie. On note δV, δW, et δK leurs contours respectifs. En intégrant les équations (1.86), (1.87), et (1.88) sur leur volume de contrôle respectif, on obtient :

$$\int_V \frac{\partial \overline{\rho}}{\partial t} dv + \int_V \frac{\partial \left(\overline{\rho \widetilde{U_j}} \right)}{\partial x_j} dv = 0 \tag{1.91}$$

$$\int_W \frac{\partial \overline{\rho}\widetilde{U}_i}{\partial t}dv + \int_W \frac{\partial(\overline{\rho}\widetilde{U}_i\widetilde{U}_j)}{\partial x_j}dv = -\int_W \frac{\partial \overline{P'}}{\partial x_i}dv+$$

$$\int_W \frac{\partial}{\partial x_j}\left[\overline{\mu}\left(\frac{\partial \widetilde{U}_i}{\partial x_j} + \frac{\partial \widetilde{U}_j}{\partial x_i}\right)\right]dv - \frac{2}{3}\int_W \frac{\partial}{\partial x_i}\left(\overline{\mu}\frac{\partial \widetilde{U}_j}{\partial x_j}\right)dv - \int_W \frac{\partial \overline{\rho}\tau_{ij}}{\partial x_j}dv \qquad (1.92)$$

$$Cp\int_K \frac{\partial(\overline{\rho}\widetilde{T})}{\partial t}dv + Cp\int_K \frac{\partial(\overline{\rho}\widetilde{U}_j\widetilde{T})}{\partial x_j}dv =$$

$$\int_K \frac{\partial \overline{P_{thermo}}}{\partial t}dv + \int_K \frac{\partial}{\partial x_j}\left(\overline{\lambda}\frac{\partial \widetilde{T}}{\partial x_j}\right)dv - Cp\int_K \frac{\partial \overline{\rho}\Im_j}{\partial x_j}dv \qquad (1.93)$$

D'après le théorème d'Ostrogradski, les intégrales de volume (volume invariant dans le temps) peuvent se transformer en intégrales surfaciques qui sont les équations finales à résoudre :

$$\int_V \frac{\partial \overline{\rho}}{\partial t}dV + \int_{\delta V} \overline{\rho}\widetilde{U}_j n_j dS = 0 \qquad (1.94)$$

$$\int_W \frac{\partial \overline{\rho}\widetilde{U}_i}{\partial t}dW + \int_{\delta W} \overline{\rho}\widetilde{U}_i\widetilde{U}_j n_j dS =$$

$$-\int_{\delta W} \overline{P'}n_i dS + \int_{\delta W} \overline{\mu}\left(\frac{\partial \widetilde{U}_i}{\partial x_j} + \frac{\partial \widetilde{U}_j}{\partial x_i}\right)n_j dS - \frac{2}{3}\int_{\delta W} \overline{\mu}\frac{\partial \widetilde{U}_j}{\partial x_j}n_i dS - \int_{\delta W} \overline{\rho}\tau_{ij}n_j dS \qquad (1.95)$$

$$Cp\int_K \frac{\partial(\overline{\rho}\widetilde{T})}{\partial t}dK + Cp\int_{\delta K} \overline{\rho}\widetilde{U}_j\widetilde{T}n_j dS =$$

$$\int_K \frac{\partial \overline{P_{thermo}}}{\partial t}dK + \int_{\delta K} \overline{\lambda}\frac{\partial \widetilde{T}}{\partial x_j}n_j dS - Cp\int_{\delta K} \overline{\rho}\Im_j n_j dS \qquad (1.96)$$

$\overrightarrow{n}$ étant la normale aux faces des volumes de contrôle. La résolution des équations (1.94), (1.95), et (1.96) nous donne les champs, solutions de notre problème, ($\overrightarrow{U}$, $\overline{P'}$, $\overline{P_{thermo}}$ et $\widetilde{T}$).

Nous résolvons les équations ci-dessus, en ayant évalué les différentes grandeurs par Différences Finies.

Les maillages structurés sont constitués de parallélépipèdes rectangles en trois dimensions, qui seront nommés éléments dans la suite. Nous utilisons une grille décalée : la vitesse et la pression ne sont pas définis aux mêmes points (voir figure 1.5). Les composantes des vitesses sont localisées au centre des faces qui leurs sont perpendiculaires et les champs scalaires sont discrétisés au centre de gravité des éléments. Ceci permet d'avoir un couplage entre le champ de pression ou de température et la vitesse (voir Ferziger (1999)).

Pour résoudre les équations, il faut définir plusieurs volumes de contrôles. Pour l'équation de quantité de mouvement, il faut un volume de contrôle (W) par composante de vitesse. Pour les équations de conservation de la masse et d'énergie, les volumes de contrôle ((V) ou (K)) correspondent à l'élément lui même (volumes bleus, voir figures 1.6).

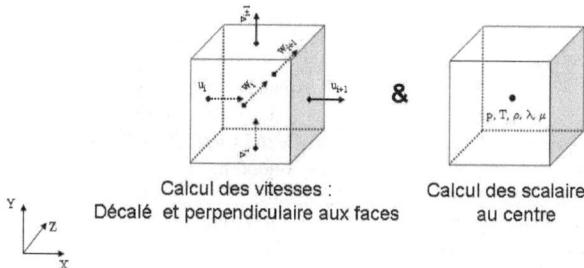

FIGURE 1.5 – Description de la discrétisation décalée en 3D.

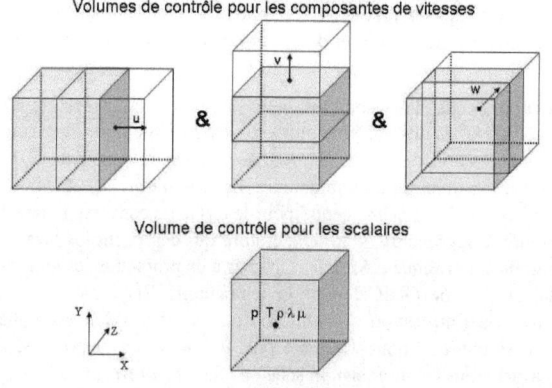

FIGURE 1.6 – Description des volumes de contrôle en 3D.

1.3.2 Schémas temporel et de convection

Le code Trio_U propose plusieurs schémas qui ne sont pas tous adaptés à notre étude (voir tableau 1.2)

Schémas temporels	Schémas de convection
Explicite :	Volumes Différences Finis :
- Euler Explicite (ordre 1)	- Quick (ordre 2 ou 3)
- Runge Kutta (ordre 2 ou 3)	- Centré (ordre 2 ou 4)
Semi-implicite :	- Amont (ordre 1)
- Euler semi-implicite (diffusion implicite)	Volumes Eléments Finis :
- Prediction-Correction (ordre 2)	- Muscl (ordre 2)
- Mac-Cormack (odre 2, + stable + cher)	- EF (ordre 2)
Implicite :	- Altenant (ordre 2)
- Cranck Nocholson (ordre 2)	- Amont (ordre 1)

TABLE 1.2 – Schémas proposés par Trio_U.

Brillant (2001) a montré que, parmi les schémas proposés dans Trio_U dans la présente configuration, le schéma Runge-Kutta est le plus précis et le plus stable. L'intégration temporelle est ainsi réalisée avec un schéma Runge-Kutta d'ordre 3 pour une précision optimale (se reporter à Quarteroni *et al.* (2000) pour une description de cette méthode numérique).

En ce qui concerne l'intégration spatiale, nous avons utilisé pour la vitesse un schéma de convection centré d'ordre 2 car il est peu dissipatif. Un ordre plus élevé aurait été plus précis mais trop coûteux en temps de simulation. De plus, de précédents travaux ont montré que l'utilisation d'un schéma d'ordre 2 permet d'obtenir des résultats satisfaisants (Brillant *et al.* (2004)).

Pour la température, nous nous sommes basés sur les conclusions de l'étude menée par Châtelain *et al.* (2004) sur les schémas numériques en simulation des grandes échelles thermiques. Dans un domaine ne contenant pas de sources de chaleur, la température à l'intérieur du domaine est bornée par les températures des frontières. Or, Châtelain *et al.* (2004) ont montré que l'utilisation d'un schéma centré pour le terme de convection dans l'équation de l'énergie peut conduire à des valeurs de la température qui dépassent les bornes définies par les conditions aux limites thermiques. Afin de remédier à ce problème, les auteurs préconisent l'emploi d'un schéma de type QUICK pour la température. Ils constatent cependant que l'un des désavantages de l'utilisation d'un tel schéma de convection est l'atténuation des fluctuations. Dans notre étude, il nous a semblé plus important de favoriser le plus possible l'aspect physique. Ainsi, nous avons choisi un schéma QUICK d'ordre 3.

1.3.3 Pas de temps de stabilité

Le pas de temps de stabilité Δt correspond au pas de temps physique d'avancée temporelle tel que sa valeur soit inférieure au critère de stabilité associé aux différents termes des équations à résoudre. Dans le cas de calculs turbulents anisothermes, trois pas de temps de stabilité doivent être définis.

Le pas de temps de convection est calculé pour que le fluide ne traverse pas plus d'une maille par pas de temps. Cela correspond à la condition de Coutant-Friedrich-Lewy (CFL) : CFL=1. Soit, $flux_{ent}$ le flux entrant dans un volume V de contrôle et Ω le domaine de calcul total. Nous avons :

$$\Delta t_{conv} = min_{\Omega} \left[\frac{V}{flux_{ent}} \right] \qquad (1.97)$$

Le pas de temps de diffusion est défini pour chaque terme diffusif traité. Pour l'équation de conservation de quantité de mouvement, le terme de diffusion dû à la viscosité totale $(\nu + \nu_t)$, et pour l'équation de conservation de l'énergie, le terme de diffusion dû à la diffusivité totale $(\alpha + \alpha_t)$. Ces deux termes de diffusion ont leur propre pas de temps qui se calcule de la façon suivante :

$$\Delta t_{\nu} = min_{\Omega} \left(\frac{\Delta x^2 + \Delta y^2 + \Delta z^2}{2(\nu + \nu_t)} \right) \qquad (1.98)$$

$$\Delta t_{\alpha} = min_{\Omega} \left(\frac{\Delta x^2 + \Delta y^2 + \Delta z^2}{2(\alpha + \alpha_t)} \right) \qquad (1.99)$$

Dans Trio_U, le pas temps de stabilité total est calculé comme suit :

$$\Delta t = \frac{1}{\frac{1}{\Delta t_{QDM}} + \frac{1}{\Delta t_{energie}}} \qquad (1.100)$$

avec $\frac{1}{\Delta t_{QDM}} = \frac{1}{\Delta t_{conv}} + \frac{1}{\Delta t_{\nu}}$ et $\frac{1}{\Delta t_{energie}} = \frac{1}{\Delta t_{conv}} + \frac{1}{\Delta t_{\alpha}}$.

1.3.4 Algorithme de résolution

La résolution du système d'équations, (1.86) - (1.90), se fait avec les étapes suivantes :

1. On résout l'équation de la température afin de déterminer en chaque cellule la température au pas $n + 1 : T^{(n+1)}$ (1.88).

2. On recalcule les propriétés du fluide au pas $n + 1$: la viscosité dynamique μ^{n+1} et la conductivité thermique λ^{n+1}

3. La pression thermodynamique P_{thermo}^{n+1} est ensuite évaluée, par conservation de la masse sur l'ensemble du domaine avec :

$$P_{thermo} = \frac{M}{\int_V \frac{1}{T} dV} \qquad (1.101)$$

où, M, est la masse totale sur le domaine.

4. La masse volumique ρ^{n+1} peut être évaluée à l'aide de l'équation des gaz parfaits (1.89).

5. Une vitesse intermédiaire $\widetilde{u^n}$ est calculée par l'équation de la quantité de mouvement, sans gradient de pression

6. Le champ P_1^{n+1} est calculé par une équation de Poisson, dont la résolution est assurée par méthode itérative de type Gradient-Conjugué avec préconditionnement SSOR

7. Enfin, on peut calculer le champ de vitesse u^{n+1} en fonction de P_1^{n+1} et $\widetilde{u^n}$.

Maintenant que la description des différentes équations et modèles utilisés a été effectuée, nous présenterons dans le chapitre suivant, les différentes études trouvées dans la littérature portant sur des écoulements perturbés par des variations significatives des propriétés du fluide. Nous décrirons ensuite, les différents paramètres des simulations réalisées dans ce mémoire. Enfin, nous validerons le modèle utilisé, par comparaison avec des données de la littérature, et réaliserons une étude de la modélisation sous-maille thermique.

Chapitre 2

Présentation des simulations numériques et étude de la modélisation sous-maille thermique

Nous avons vu dans le premier chapitre que le modèle que nous allons utiliser permet un couplage entre la partie thermique et la partie dynamique, de manière à bien prendre en compte l'effet des fluctuations de température sur les propriétés du fluide et donc sur le champ de vitesse. Pour cette étude, nous avons choisi de nous éloigner de la géométrie (trop complexe) du récepteur solaire pour se placer dans une géométrie académique plus simple. Cette géométrie est un canal plan horizontal bipériodique. Elle permet d'identifier les phénomènes dus au gradient de température sur l'écoulement. De plus, cette géométrie est un cas classique pour lequel nous pouvons trouver des résultats théoriques ou numériques dans la littérature. Historiquement, cette géométrie a été la première étudiée en LES par Deardorff (1970).

Nous allons dans un premier temps présenter les études trouvées dans la littérature, se rapprochant le plus de la nôtre, puis nous présenterons les détails de notre étude ainsi que la validation du modèle utilisé. Pour finir, nous réaliserons une étude de la modélisation sous-maille thermique.

2.1 Études prenant en compte les effets de la température sur l'écoulement

L'effet du fort gradient de température perpendiculaire à l'écoulement turbulent crée de fortes variations de température qui agissent sur les propriétés du fluide (densité, viscosité et conductivité). Ces grandeurs vont fortement influer sur l'écoulement turbulent, il est alors nécessaire d'avoir une connaissance spécifique de la physique mis en jeu pour bien représenter cet écoulement. Dans la littérature, on trouve des études portant sur des simulations d'écoulements incompressibles dans lesquelles la température est considérée comme un scalaire passif (Kawamura (2008) ou Morinishi *et al.* (2006)). Dans ces cas là, la température n'a pas d'effet sur les propriétés du fluide. Elle est uniquement transportée, comme pourrait l'être un colorant, par l'écoulement. On peut aussi trouver des études prenant en compte l'effet de la température sur l'écoulement en créant un couplage plus important entre la thermique et la dynamique. Nous nous intéresserons donc dans un premier temps à des études, portant sur des simulations anisothermes en présence d'écoulements compressibles. Ensuite, nous présenterons des études anisothermes à faible nombre de Mach dans un canal plan turbulent. Tout d'abord dans des cas de convection naturelle et mixte, puis dans des cas de convection forcée (ce qui est le cas de notre étude).

2.1.1 Simulations compressibles

Les écoulements compressibles sont des écoulements soniques ou supersoniques. Dans ces cas là, la densité est fonction de la vitesse mais aussi de la température.

Coleman *et al.* (1995) ont réalisé des DNS d'un écoulement en canal plan turbulent dont les parois sont à une température inférieure à celle de l'écoulement. Dans cette étude, les auteurs se sont intéressés à l'influence du nombre de Mach. Ils ont montré que les propriétés statistiques de la turbulence ne sont pas affectées par les effets de compressibilité quand les fluctuations de masse volumique sont négligeables par rapport à la masse volumique moyenne (hypothèse de Morokovin). Ils ont aussi montré qu'en utilisant un adimensionnement semi-local prenant en compte les variations des propriétés du fluide, les profils obtenus sont indépendants du nombre de Mach.

Huang *et al.* (1995) ont réalisé des simulations dans la même configuration. Cette étude est réalisée pour un faible nombre de Reynolds et pour deux nombres de Mach différents ($Ma = 1, 5$ et 3). La conclusion de cette étude est que l'utilisation d'un adimensionnement semi-local, prenant en compte les valeurs de la masse volumique, permet de faire se rapprocher les profils du tenseur des contraintes turbulent, du flux de chaleur turbulent et de l'énergie cinétique turbulente obtenus pour les deux valeurs du nombre de Mach considérés. Ils ont montré qu'il y a peu de différences entre les moyennes de Reynolds et de Favre pour cette configuration. Ainsi, l'effet du nombre de Mach semble principalement porter sur les variations de la masse volumique moyenne. Leur étude est complète pour ce qui concerne les transferts d'énergie entre énergie interne, énergie cinétique moyenne et énergie cinétique turbulente. Par contre, l'influence des variations de la température sur les propriétés du fluide ne fait pas l'objet d'une analyse spécifique.

Morinishi *et al.* (2004) ont réalisé des DNS similaires pour un nombre de Mach de $1, 5$ avec deux conditions aux limites thermiques différentes. Un premier cas, impose des températures identiques aux deux parois (comme dans Coleman *et al.* (1995), et Huang *et al.* (1995)), tandis qu'une paroi isotherme couplée à une paroi adiabatique est considérée dans le deuxième cas. Ces simulations sont comparées à des simulations incompressibles avec les mêmes conditions aux limites thermiques. L'utilisation de la transformation de Van Driest permet de faire se superposer les profils de vitesse moyenne pour les simulations compressible et incompressible. Par contre, le profil de température moyenne pour l'écoulement compressible ne se superpose pas avec celui obtenu pour la simulation incompressible, il est décalé vers le bas. Ils ont noté une grande influence de la condition aux limites (isotherme ou adiabatique) de la paroi du haut sur les profils de la paroi basse (isotherme).

Tamano et Morinishi (2006) ont poussé plus loin l'étude de Morinishi *et al.* (2004) sur l'influence des conditions aux limites thermique. Leur but est de savoir si les différences notées sont dues à la condition adiabatique en elle même ou si elles sont dues à l'augmentation de la température causée par cette condition. Pour ce faire, ils imposent des températures différentes aux deux parois, la température la plus chaude est imposée à la paroi du haut. Le bilan d'énergie interne permet de voir que lorsque la température est imposée, un pic de diffusion moléculaire apparaît en proche paroi chaude, et crée des pics de températures moyenne et fluctuante au même endroit. Les transferts d'énergie à la paroi haute ne sont pas modifiés par le changement de condition aux limites. Les auteurs concluent que l'augmentation de la température fait que le transfert d'énergie au niveau de la paroi haute est dans le sens opposé à celui qui a lieu près de la paroi basse et que ce phénomène n'est pas dû à la condition adiabatique.

2.1.2 Simulations à faible nombre de Mach.

Dans cette section, toutes les études portent sur des écoulements se caractérisant par un faible nombre de Mach. Par comparaison avec la précédente partie, la vitesse n'agit plus sur la densité. Nous présenterons dans un premiers temps des études dont les variations des propriétés du fluide avec la température sont couplées avec la gravité ou avec la force de Coriolis. Dans un second temps, nous présenterons des travaux où seule la température agit sur les propriétés des fluides.

Convection mixte ou naturelle

Satake *et al.* (1999) ont étudié en DNS un écoulement dans une conduite cylindrique verticale dont la paroi est chauffée. Ils ont noté une relaminarisation de l'écoulement dans le sens longitudinal, c'est-à-dire une diminution des fluctuations due aux variations des propriétés du fluide, quand le flux de chaleur imposé à la paroi est suffisamment important.

On peut retrouver plusieurs études effectuées par Bae (Bae *et al.* (2005), Bae *et al.* (2006) et Bae *et al.* (2008)) qui considèrent la même géométrie en DNS. Dans ces études, ils imposent un débit massique adimensionnel constant. Le fait de chauffer l'écoulement fait baisser la densité et donc augmenter la vitesse. Ils étudient l'effet de la gravité (Bae *et al.* (2006)), en réalisant des simulations en convection forcée (gravité négligée) et en convection mixte. Plus le flux imposé à la paroi augmente, plus les profils adimensionnés, de vitesse moyenne et de température moyenne, deviennent différents les uns des autres. Les valeurs de température augmentent tandis que celles de vitesse diminuent. Les variations de masse volumique n'ont donc pas le même impact sur les champs dynamique et thermique. Une relaminarisation est visible sur les profils moyen et fluctuant, sur le tenseur de Reynolds, sur la vorticité, sur l'énergie cinétique turbulente et sur le flux de chaleur turbulent. Les profils dynamiques sont d'autant plus modifiés par la gravité que le flux de chaleur augmente et, à l'inverse, les transferts thermiques sont affectés par la gravité quand le flux est faible (et que l'écoulement est le plus turbulent). Dans Bae *et al.*

(2008), la géométrie est modifiée. L'écoulement traverse une géométrie annulaire qui est chauffée par l'intérieur et dont la paroi extérieure est considérée adiabatique. Ici aussi, la gravité est prise en compte. Ils étudient l'influence du flux thermique sur l'écoulement. Quand le flux est assez important, la vitesse moyenne ne suit plus une loi logarithmique dans la zone inertielle.

On retrouve aussi des études en LES dans une conduite cylindrique verticale dont la paroi est chauffée. Xu *et al.* (2004) ont réalisé des simulations pour différents nombres de Reynolds et différents flux. Ils ont constaté, tout comme Bae *et al.* (2006), une redistribution du débit massique vers le centre du cylindre et une relaminarisation de l'écoulement lorsque le flux thermique est assez fort. Lee *et al.* (2004), durant la même période, ont étudié les mêmes phénomènes mais dans une conduite annulaire avec les mêmes conditions aux limites que Bae *et al.* (2008), c'est-à-dire un flux thermique sur la paroi intérieure et une condition adiabatique pour la paroi extérieure. Les auteurs ont noté que la gravité influe sur la vitesse moyenne dont le maximum se décale vers la paroi chaude. Le phénomène de relaminarisation a aussi été noté. Enfin, les niveaux de corrélations vitesse-température sont accrus en présence d'un fort ratio de température entre la paroi interne et la paroi externe. Qin et Pletcher (2006) ont complexifié ces études dans une conduite carrée, chauffée aux parois, en ajoutant la force de Coriolis. Ils ont noté que le maximum de vitesse moyenne est décalé vers la paroi mobile. L'effet de relaminarisation est visible à la paroi stable, tandis qu'une augmentation de la turbulence se crée à la paroi instable. Leur conclusion porte sur l'influence mutuelle visible entre les champs dynamique et thermique due à la convection et à la gravité.

L'effet de relaminarisation peut aussi se rencontrer dans des études utilisant des modèles plus simples. Par exemple, Ezato *et al.* (1999) ont réalisé la même étude mais en utilisant un modèle $k - \epsilon$ bas Reynolds.

Convection forcée en canal plan turbulent

Dans cette partie, nous présenterons plus en détail des études en canal plan bipériodique dans lesquelles, les variations des propriétés du fluide ne sont fonction que de la température. Dans cette configuration, les températures sont imposées aux parois (voir figure 2.1). La température T_1 est la température de la paroi basse, et la température T_2, celle de la paroi du haut.

Dans le tableau 2.1, sont notées les différentes études qui constituent une source de données concernant les écoulements à faible nombre de Mach en canal plan turbulent bipériodique. Nous avons aussi ajouté des études sur des écoulements incompressibles et isothermes qui nous ont servis pour la validation de notre modèle dynamique. Les cases grisées sont des études qui à notre connaissance n'ont jamais été réalisées. On remarque, qu'il n'y a aucune DNS étudiant un écoulement turbulent soumis à un rapport de température supérieur ou égal à $\frac{T_2}{T_1} = 5$ et surtout, qu'il n'y a aucune DNS simulant un écoulement turbulent anisotherme ayant une intensité turbulente importante ($Re_{\tau m} = 395$).

Toutes ces études prennent en compte l'effet de la température sur la viscosité et sur la conductivité. Nicoud (1998) et Husson (2007), utilisent une loi de Sutherland spécifique au gaz, tandis que dans Wang *et al.* (1996), Lessani *et al.* (2006) et Lessani *et al.* (2007) ont choisi la

$\dfrac{T_2}{T_1}$	$Re_{\tau m} = 180$		$Re_{\tau m} = 395$	
	DNS	LES	DNS	LES
1	Kim et al. (1987)	Brillant (2004) Husson (2007)	Moser et al. (1999) Kawamura et al. (1999) Kawamura et al. (2000)	Husson (2007)
1,01	Debusschere et al. (2004) Nicoud (1998)	Lessani et al. (2006) Châtelain et al. (2004) Brillant (2004) Husson (2007)		
1,02		Wang et al. (1996)		
1,07				Husson (2007)
2	Nicoud (1998)	Lessani et al. (2006) Husson (2007)		Husson (2007)
3		Wang et al. (1996)		
6		Lessani et al. (2007)		
8		Lessani et al. (2006)		
9		Lessani et al. (2007)		

TABLE 2.1 – Études en canal plan turbulent bipériodique.

loi de Sutherland simplifiée (en $T^{0.7}$). Tous sont d'accord sur le fait que quand le rapport de température augmente, une dissymétrie des profils moyens et de fluctuations se crée.

Dans Nicoud (1999), la loi utilisé (en $\frac{1}{\sqrt{T}}$) est spécifique d'un liquide alors que dans Nicoud (1998) la loi utilisée est celle de Sutherland, qui est spécifique d'un gaz. Pour un gaz, quand la température augmente, la viscosité et la conductivité augmente tandis que pour liquide, elles diminuent. Leurs résultats montrent que l'utilisation de l'adimensionnement de Van Driest donne des résultats différents, par rapport à un écoulement incompressible, en proche paroi, pour des rapports de température allant jusqu'à $\frac{T_2}{T_1} = 4$. Au centre du canal, les profils sont proches. Lessani et al. (2006) et Lessani et al. (2007) étudient des rapports de température allant jusqu'à 9 et montre que dans ces cas là, la transformation de Van Driest n'est plus valable sur toute la moitié froide du canal.

Nicoud (1998) a testé deux adimensionnements pour les profils de température, un adimensionnement pariétal et un adimensionnement semi-local. Aucun des deux adimensionnements ne donne de résultats identiques à ceux obtenus pour un écoulement incompressible. Malgré tout, l'adimensionnement semi-local permet d'obtenir des profils plus proches. Ces adimensionnements ont aussi été réalisés sur les profils de vitesses fluctuantes. Ici, l'adimensionnement semi-local permet de faire se superposer les profils de fluctuations de vitesses des deux parois alors que l'adimensionnement pariétal ne le permet pas.

Husson (2007) conclut que l'adimensionnement semi-local rapproche les profils obtenus pour différents rapports de température, avec une nuance sur ceux de températures moyennes et de fluctuations. La transformation de Van-Driest donne de meilleurs résultats sur les profils de vitesse moyenne. Pour les simulations avec une faible intensité turbulente ($Re_{\tau m} = 180$), la transformation de Van-Driest est préférée, pour tous les profils, à l'adimensionnement semi-local.

Husson (2007) a noté que les fluctuations de température adimensionnées sont diminuées à la paroi chaude et augmentées à la paroi froide. Wang *et al.* (1996), en LES avec une loi de Sutherland simplifiée, constatent que les profils de fluctuations de température adimensionnées deviennent dissymétriques, mais que le niveau des pics n'est que peu modifié.

Wang *et al.* (1996) ont réalisé des bilans de contraintes et de flux de chaleur. Ils ont noté qu'en proche paroi apparaît une dissymétrie des tensions de Reynolds. Du côté froid, cette dissymétrie est due à la combinaison entre la diminution des fluctuations turbulentes dynamique et thermique et les variations de densité. Pour la proche paroi chaude, l'effet inverse est remarqué, les fluctuations turbulentes dynamique et thermique augmentent. Les pics des fluctuations sont décalés. Ils ont conclu que les variations des propriétés redistribuent le flux de chaleur entre ses différentes composantes ; pour un fort rapport de température, le flux de chaleur turbulent est réduit au profit de la conduction thermique. Les bilans des tenseurs des contraintes de Reynolds et la variance de température sont peu modifiés par le rapport de température sauf près de la paroi froide où les termes dominants sont amplifiés.

Nicoud (1998) a observé que sur la moitié froide du domaine, les coefficients de corrélation vitesse-vitesse et vitesse-température sont similaires à ceux observés en incompressible alors que sur la moitié chaude du domaine apparaissent des différences. Les effets de bas-Reynolds sont évoqués pour expliquer ces phénomènes. Wang *et al.* (1996) notent que les coefficients de corrélation vitesse-vitesse et vitesse longitudinale-température sont modifiés par le flux de chaleur dans la zone centrale du canal alors que le coefficient de corrélation vitesse normale-température y est insensible. Ils notent aussi que les corrélations vitesse-température sont amplifiées avec l'augmentation du rapport de température en proche paroi chaude et diminuées en proche paroi froide. Husson (2007) montre que les profils adimensionnés des corrélations vitesse-vitesse et vitesse longitudinale-température sont augmentés sur la moitié froide du domaine et diminués sur la moitié chaude. Pour la corrélation vitesse normale-température, l'effet inverse est noté.

Une intensification des mouvements d'éjection et de l'intermittence sur la moitié chaude (respectivement diminution en paroi froide) est montré par Nicoud (1998) grâce aux calculs des coefficients de dissymétrie et d'aplatissement. Au contrainte, Wang *et al.* (1996) trouvent que les coefficients de dissymétrie et d'aplatissement sont peu affectés par l'augmentation du rapport de température. Ils constatent, en visualisant les structures turbulentes, que leur cohérence est accrue à la paroi froide.

Wang *et al.* (1996) ont calculé le nombre de Prandtl turbulent. Ils ont noté qu'il était plus important près de la paroi chaude que près de la paroi froide. L'écart entre ces deux valeurs augmente avec le rapport de température ; les valeurs du nombre de Prandtl turbulent sont comprises entre environ $0, 5$ au centre du canal et $1, 1$ en proche paroi. Les résultats de Nicoud (1998) montrent que le profil du nombre de Prandtl turbulent est identique à celui obtenu dans le cas d'un écoulement incompressible sur la moitié froide et s'éloigne du profil incompressible en proche paroi chaude. Une fois encore, les effets bas nombre de Reynolds sont mis en cause. Nicoud (1998) estime qu'il est correct de considérer que le nombre de Prandtl turbulent peut être fixé à une valeur constate de $0, 9$ dans cette configuration. Husson (2007) a comparé des simulations avec un nombre de Prandtl turbulent constant fixé à $0, 9$ à des simulations utilisant un modèle qui calcule dynamiquement. Ses conclusions montrent que pour un écoulement avec une faible intensité turbulente ($Re_{\tau m} = 180$) et un rapport de température allant jusqu'à $\frac{T_2}{T_1} = 2$, le nombre de Prandtl turbulent peut être considéré constant avec une valeur de $0, 9$. Par contre, elle ne se prononce pas sur la validité de l'utilisation d'un nombre de Prandtl turbulent constant pour un écoulement ayant une intensité turbulente ou un rapport de température plus important.

Husson (2007) propose une explication du mécanisme physique responsable de toutes ces transformations. Elle suppose que ce sont les variations des propriétés et en particulier celles de la masse volumique qui, couplées aux contraintes de conservation du flux de chaleur total et du nombre de Reynolds turbulent moyen, engendrent ces modifications.

Toutes ces études portant sur des écoulements avec de fortes variations des propriétés du fluide, dues à des variations de température, n'expliquent pas les phénomènes physiques dominants dans ces écoulements. On remarque que certaines études se contredisent. Seul Husson (2007) propose une explication physique expliquant les phénomènes mis en jeux. Toutefois, elle propose des perspectives pour compléter et valider ou infirmer son explication. Nous nous sommes appuyés sur les conclusions de cette étude pour débuter la notre.

Nous allons maintenant présenter les caractéristiques de nos simulations numériques.

2.2 Caractéristiques des simulations réalisées

2.2.1 Remarques sur les profils tracés et sur l'adimensionnement

Les profils que nous aurons à tracer sont obtenus en effectuant une moyenne statistique, notée $< . >$, des différentes grandeurs. Puisque notre domaine est périodique en x et z (voir figure 2.1), nous pouvons moyenner chaque grandeur suivant ces deux directions :

$$< f > (y,t) = \lim_{x \to \infty} \frac{1}{2\pi h} \int_{x=0}^{x=2\pi h} \left(\lim_{z \to \infty} \frac{1}{2\pi} \int_{z=0}^{z=2\pi} f(x',y,z',t')dz' \right) dx' \qquad (2.1)$$

De cette manière, on obtient un profil ne dépendant que de y et du temps.

Dans un second temps, les grandeurs sont moyennées en temps.

$$< f > (y) = \lim_{t_f \to \infty} \frac{1}{t_f} \int_{t_0}^{t_0+t_f} < f > (y,t')dt' \qquad (2.2)$$

Le temps d'observation doit être suffisamment long (pour notre étude, entre $0,5$ et $1,5$ seconde) devant les échelles turbulentes afin d'obtenir des profils moyennés en temps.

Ces moyennes sont effectuées pour les grandeurs suivantes :
- **moyennes de la :**
  vitesse longitudinale $< u >$
  vitesse normale $< v >$
  vitesse transverse $< w >$
  température $< T >$
- **fluctuations de la :**
  vitesse longitudinale $< u_{rms} > = \sqrt{< uu > - < u >< u >}$
  vitesse normale $< v_{rms} > = \sqrt{< vv > - < v >< v >}$
  vitesse transverse $< w_{rms} > = \sqrt{< ww > - < w >< w >}$
  température $< T_{rms} > = \sqrt{< TT > - < T >< T >}$
- **corrélations doubles de :**
  vitesse-vitesse $< uv > = < uv > - < u >< v >$
  vitesse longitudinale-température $< u\theta > = < uT > - < u >< T >$
  vitesse normale-température $< v\theta > = < vT > - < v >< T >$

Dans notre étude, nous utiliserons deux adimensionnements permettant de comparer des phénomènes différents.

Le premier adimensionnement est effectué en utilisant la vitesse de frottement (2.6) et/ou la température de frottement (2.8). Cet adimensionnement est très souvent employé dans le cas d'un écoulement turbulent limité par une ou des parois. Il permet de réaliser une étude phénoménologique des écoulements, malgré le fait qu'ils n'aient pas les mêmes caractéristiques (conditions aux limites, vitesses, ...). Dans ce cas là, les grandeurs adimensionnées sont exprimées en *unités de paroi*. Elles sont définies de la manière suivante

$$U^+ = \frac{< u >}{U_\tau}, \qquad U_{rms}^+ = \frac{< u_{rms} >}{U_\tau}, \qquad V_{rms}^+ = \frac{< v_{rms} >}{U_\tau}, \qquad W_{rms}^+ = \frac{< w_{rms} >}{U_\tau}$$

$$T^+ = \frac{<T> -T_w}{T_\tau}, \quad T^+_{rms} = \frac{<T_{rms}>}{T_\tau}$$

$$uv^+ = \frac{<uv>}{U^2_\tau}, \quad u\theta^+ = \frac{<u\theta>}{U_\tau T_\tau}, \quad v\theta^+ = \frac{<v\theta>}{U_\tau T_\tau} \tag{2.3}$$

et sont tracées en fonction de y^+ :

$$y^+ = \frac{yU_\tau \rho}{\mu} \tag{2.4}$$

Le second adimensionnement employé dans notre étude, prend en compte la vitesse maximale (U_{max}) et/ou de la différence de température ($\Delta T = T_2 - T_1$). Il permet d'avoir une bonne vision des évolutions entre les deux plaques. Cet adimensionnement sera utilisé dans l'étude de l'influence du gradient de température sur un écoulement turbulent (Chapitre 3).

2.2.2 Configuration étudiée et simulations réalisées

Le phénomène principal que nous voulons étudier est l'impact du fort gradient de température perpendiculaire à l'écoulement turbulent. Pour ce faire, il n'est pas nécessaire de se placer dans la géométrie du récepteur solaire (trop complexe). Nous considérons donc un canal plan bipériodique avec températures imposées aux parois. Cette géométrie simplifiée nous permet, en plus de diminuer le temps de calcul, de n'étudier que le gradient de température sans ajouter les contraintes d'une géométrie trop complexe.

Le fluide considéré est de l'air. Les dimensions et les caractéristiques de l'écoulement ont été choisies dans la littérature afin de pouvoir comparer nos résultats (voir figure 2.1). L'écoulement va dans la direction x qui correspond à la direction longitudinale. L'axe y représente la direction normale aux parois et l'axe z est transverse à l'écoulement. La plaque du bas est la paroi froide. La température de la paroi du haut varie en fonction du gradient de température souhaité.

Il est important de bien choisir les dimensions du domaine afin que les statistiques en deux points, situés de part et d'autre du domaine, dans chaque direction soient décorrélées. Un des intérêts de l'écoulement en canal plan réside dans le fait que l'écoulement est unidirectionnel en moyenne (dans la direction x). Moin et Kim (1982) se basent sur les résultats expérimentaux de Comte-Bellot (1963) pour déterminer la taille du domaine de calcul. Les mesures expérimentales montrent que les corrélations en deux points deviennent négligeables, en x, pour une distance de $3, 2h$, et en z, de $1, 6h$. La valeur h représente la demi-distance entre les deux plaques. Dans notre cas, $h \approx 0,015\ m$. Pour que les conditions aux limites n'aient pas d'influence, il est conseillé de choisir un domaine plus grand. Nous avons donc choisi les dimensions suivantes : $L_x = 2\pi h$, $L_y = 2h$, $L_z = \pi h$, dans les directions x, y, et z. Ces dimensions sont celles choisies par Moser et al. (1999) pour des DNS isothermes allant jusqu'à une valeur du nombre de Reynolds turbulent de $Re_{\tau m} = 590$ (ce nombre est défini par l'équation (2.5)).

Dans notre étude, les simulations sont réalisées pour plusieurs rapports de températures et plusieurs intensités turbulentes. Nous étudierons deux intensités turbulentes différentes que l'on

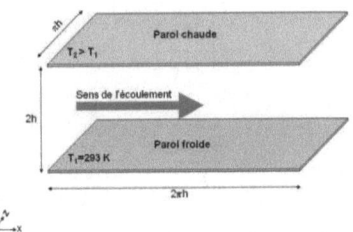

FIGURE 2.1 – Configuration du canal plan turbulent.

caractérise par le nombre de Reynolds turbulent Re_τ. Ce nombre se calcule de la façon suivante,

$$Re_\tau = \frac{U_\tau h \rho_w}{\mu_w} \qquad (2.5)$$

avec, ρ_w et μ_w, les valeurs de la densité et de la viscosité à la paroi et, U_τ, la vitesse de frottement, qui se calcule de la façon suivante :

$$U_\tau = \sqrt{\frac{\tau_w}{\rho_w}} = \sqrt{\frac{\mu_w}{\rho_w} \frac{\partial <U>}{\partial y}\Big|_w} \qquad (2.6)$$

où τ_w est la contrainte de cisaillement à la paroi. Les valeurs du nombre de Reynolds turbulent que l'on souhaite étudier sont : $Re_{\tau m} = 180$ et $Re_{\tau m} = 395$. Pour chaque intensité turbulente, des simulations avec différents rapports de températures seront réalisées. Les rapports de températures étudiés seront : $\frac{T_2}{T_1} = 1,00 ; 1,01$ ou $1,07 ; 2$ et 5.

Les fortes différences de température pariétale dans le cas des simulations anisothermes vont modifier de façon différente, les deux Reynolds turbulents obtenus à chaque paroi. Les simulations seront comparées pour une même valeur de $Re_{\tau m}$ qui est obtenu en faisant la moyenne entre les nombres de Reynolds turbulents obtenus à chaque paroi.

$$Re_{\tau m} = \frac{Re_{\tau 2} + Re_{\tau 1}}{2} \qquad (2.7)$$

Il est à noter que U_τ sera aussi utilisé pour adimensionner les résultats faisant intervenir des vitesses. De la même manière, pour adimensionner les résultats faisant intervenir des températures, nous utiliserons la température de frottement T_τ, qui est défini comme

$$T_\tau = \frac{Q_w}{\rho_w C_p U_\tau} = \frac{\lambda_w \frac{\partial <T>}{\partial y}\Big|_w}{\rho_w C_p U_\tau} \qquad (2.8)$$

où Q_w et λ_w représente respectivement le flux de chaleur et la conductivité à la paroi.

Pour différencier les simulations, on utilise la convention suivante : le premier nombre représente la valeur du nombre de Reynolds turbulent et le second nombre représente la valeur du rapport de température $\frac{T_2}{T_1}$. Cette convention sera utilisée durant tout le manuscrit.

Les tableaux 2.2 et 2.3 récapitulent les différentes simulations effectuées dans notre étude, ainsi que les paramètres caractéristiques de chacune. On pourra y retrouver pour chaque simulation, la valeur de la température de chaque paroi, la valeur effective du nombre de Reynolds turbulent de paroi et moyen (on s'accorde une précision de 2% sur la valeur moyenne), les valeurs de la vitesse et de la température de frottement, de la densité, de la viscosité et de la conductivité à chaque paroi.

Dans la colonne du nombre de Reynolds turbulent est ajoutée la valeur du nombre de Reynolds dit *"bulk"*, Re_b. Ce nombre représente le nombre de Reynolds de débit moyen, qui est couramment utilisé. Il est calculé avec la vitesse *bulk*, U_b, et les valeurs de la densité et de la viscosité à la température *bulk*, T_b. On a :

$$Re_b = \frac{U_b \rho_b h}{\mu_b} \tag{2.9}$$

avec

$$U_b = \frac{1}{2h} \int_0^{2h} <U>(y)dy \tag{2.10}$$

et

$$T_b = \frac{1}{2h} \int_0^{2h} <T>(y)dy \tag{2.11}$$

Husson *et al.* (2006) ont conclu que pour des simulations isothermes et faiblement anisothermes ($\frac{T_2}{T_1} = 1$; $1,01$ et $1,07$), la viscosité et la conductivité peuvent être considérées comme constantes. Pour ces simulations, la viscosité et la conductivité sont calculées grâce aux équations de Sutherland (1.39) pour une température moyenne T_m définie par : $T_m = \frac{T_1+T_2}{2}$. Pour les simulations fortement anisothermes, la viscosité et la conductivité varient avec la température dans tout le domaine.

Les simulations pour lesquelles le modèle sous-maille thermique n'est pas précisé sont effectuées avec le modèle à nombre de Prandtl sous-maille constant ($Pr_{sm} = 0,9$). Ce choix fait suite aux conclusions de Husson (2007), qui montre que pour des simulations faiblement turbulente ($Re_{\tau m} = 180$) pour un rapport de température allant jusqu'à 2, l'utilisation d'un modèle sous-maille thermique considérant un nombre de Prandtl constant permet d'obtenir des résultats quasi-identiques à ceux obtenus en utilisant un nombre de Prandtl dynamique. La simulation 180-2-0 est réalisée avec une diffusivité sous-maille nulle. Elle sera utilisée pour l'étude sur la modélisation sous-maille thermique 2.4.

$Re_{\tau m} = 180$									
Nomenclature	T_2 / $\frac{T_2}{T_1}$ / T_1		$Re_{\tau 2}$ / $Re_{\tau m}$ / $Re_{\tau 1}$	Re_b	$U_{\tau 2}$ / $U_{\tau 1}$	$T_{\tau 2}$ / $T_{\tau 1}$	ρ_2 / ρ_1	μ_2 / μ_1	λ_2 / λ_1
180-1	293		180		$0,183$	Ø	$1,19$	$1,81e^{-5}$	Ø
		1	180	2860					
	293		180		$0,183$	Ø	$1,19$	$1,81e^{-5}$	Ø
180-1.01	296		178		$0,185$	$0,0638$	$1,177$	$1,82e^{-5}$	$0,0241$
		$1,01$	179	2830					
	293		179		$0,184$	$0,0634$	$1,189$	$1,82e^{-5}$	$0,0241$
180-2-cst Pr_{sm} constant	586		106		$0,355$	$6,94$	$0,595$	$2,97e^{-5}$	$0,0393$
		2	184	2380					
	293		262		$0,268$	$5,76$	$1,19$	$1,81e^{-5}$	0.0240
180-2-dyn Pr_{sm} dynamique	586		107		$0,358$	$6,70$	$0,595$	$2,97e^{-5}$	$0,0393$
		2	184	2423					
	293		261		$0,267$	$5,74$	$1,19$	$1.81e^{-5}$	$0,0240$
180-2-0 $\kappa_{sm} = 0$	586		107		$0,357$	$6,56$	$0,595$	$2,97e^{-5}$	$0,0393$
		2	179	2387					
	293		252		$0,257$	$5,92$	$1,19$	$1,81e^{-5}$	$0,0240$
180-5-cst Pr_{sm} constant	1465		44		$0,644$	$31,95$	$0,238$	$5,2e^{-5}$	$0,0687$
		5	178	1160					
	293		312		$0,319$	$16,69$	$1,19$	$1,81e^{-5}$	$0,0240$
180-5-dyn Pr_{sm} dynamique	1465		45		$0,653$	$30,47$	$0,238$	$5,2e^{-5}$	$0,0687$
		5	177	1140					
	293		317		$0,317$	$16,63$	$1,19$	$1,81e^{-5}$	$0,0240$

TABLE 2.2 – Noms et caractéristiques des simulations à $Re_{\tau m} = 180$.

$Re_{\tau m} = 395$								
Nomenclature	$\dfrac{T_2}{T_1}$	$\dfrac{Re_{\tau 2}}{Re_{\tau m}}\quad\dfrac{}{Re_{\tau 1}}$	Re_b	$\dfrac{U_{\tau 2}}{U_{\tau 1}}$	$\dfrac{T_{\tau 2}}{T_{\tau 1}}$	$\dfrac{\rho_2}{\rho_1}$	$\dfrac{\mu_2}{\mu_1}$	$\dfrac{\lambda_2}{\lambda_1}$
	293	392		0,400	Ø	1,19	$1,81e^{-5}$	Ø
395-1	1	393	7630					
	293	393		0,400	Ø	1,19	$1,81e^{-5}$	Ø
	313	388		0,435	0,348	1,11	$1,86e^{-5}$	0,0263
395-1.07	1,07	396	7520					
	293	404		0,423	0,354	1,19	$1,86e^{-5}$	0,0263
	586	241		0,809	5,03	0,595	$2,97e^{-5}$	0,0421
395-2-cst	2	396	5860					
Pr_{sm} constant	293	551		0,563	5,23	1,19	$1,81e^{-5}$	0,0257
	586	242		0,812	4,797	0,595	$2,97e^{-5}$	0,0421
395-2-dyn	2	398	5850					
Pr_{sm} dynamique	293	554		0,566	5,25	1,189	$1,81e^{-5}$	0,0256
	1465	99		1,456	24,54	0,238	$5,2e^{-5}$	0,0736
395-5-cst	5	394	2957					
Pr_{sm} constant	293	689		0,705	17,17	1,19	$1,81e^{-5}$	0,0257
	1465	101		1,472	23,62	0,238	$5,2e^{-5}$	0,0736
395-5-dyn	5	390	2947					
Pr_{sm} dynamique	293	680		0,695	17,61	1,19	$1,81e^{-5}$	0,0257

TABLE 2.3 – Noms et caractéristiques des simulations à $Re_{\tau m} = 395$.

2.2.3   Maillages, conditions initiales et conditions aux limites

Caractéristiques du maillage

Deux maillages différents sont utilisés en fonction de la valeur du nombre de Reynolds turbulent. Ils ont été choisis assez fins pour des simulations isothermes afin de ne pas avoir à en changer quand le gradient de température augmente.

Dans les deux cas, le maillage est régulier dans les directions longitudinale (x) et transverse (z). Dans la direction normale aux parois (y), le maillage est irrégulier. Il se raffine en proche paroi, afin de pouvoir utiliser une condition de non-glissement, tout en limitant le nombre de maille au centre du canal. Il est déterminé par une transformation en tangente hyperbolique,

$$y_k = L_y \left\{ 1 + \frac{1}{a} tanh \left[\left(-1 + \frac{k-1}{N_y - 1} \right) atanh(a) \right] \right\}, k \in [1, N_y] \tag{2.12}$$

où N_y est le nombre de noeuds selon l'axe y et a est une constante, fonction de la dilatation du maillage.

Le tableau 2.4 récapitule les différentes valeurs des dimensions réduites pour chaque simulation et chaque direction :

$$L^+ = \frac{L\rho U_\tau}{\mu} \tag{2.13}$$

Dans ce tableau, nous retrouverons aussi les valeurs de $\triangle x^+$ et $\triangle z^+$ qui représentent le rapport entre une longueur réduite et le nombre de noeuds dans cette direction. Par exemple :

$$\triangle x^+ = L_x^+ / N_x \tag{2.14}$$

Il est à noter que la valeur de $\triangle y^+$ changera à chaque point, dans la direction y, car dans cette direction, le maillage est irrégulier. Nous regarderons donc les valeurs $\triangle y_1^+$ et $\triangle y_2^+$ en proche paroi basse et haute. Les valeurs de $\triangle y_c^+$ au centre du canal (à l'endroit où elles seront maximales) sont environ égales à 11 pour les simulations à $Re_{\tau m} = 180$ et à 25 pour les simulations à $Re_{\tau m} = 395$.

Pour la simulation 180-1, le maillage est choisi tel que : $\triangle x^+ \approx 35$, $\triangle z^+ \approx 15$, et $\triangle y^+ \approx 0,5$ au premier noeud. Le nombre de noeuds correspondant est : $33 \times 66 \times 39$. Le premier noeud est à une distance de $4, 2e^{-5}m$ de la paroi.

Pour la simulation 395-1, le maillage est choisi tel que : $\triangle x^+ \approx 39$, $\triangle z^+ \approx 40$, et $\triangle y^+ \approx 1$ au premier noeud. Le nombre de noeuds correspondant est : $64 \times 65 \times 32$. Le premier noeud est à une distance de $3, 9e^{-5}m$ de la paroi. Une vue globale ainsi que les caractéristiques des maillages sont représentées sur la figure 2.2.

Conditions aux limites

Pour la partie dynamique, nous utilisons une condition de non glissement pour les parois haute et basse. Nous avons choisi pour la partie thermique, d'imposer une température constante

$Re_{\tau m} = 180$			$Re_{\tau m} = 395$		
180−1	$L_x^+ = 1130$	$\triangle x^+ = 34$	395−1	$L_x^+ = 2560$	$\triangle x^+ = 39$
	$L_{y2}^+ = 359$	$\triangle y_2^+ = 0,5$		$L_{y2}^+ = 784$	$\triangle y_2^+ = 1$
	$L_{y1}^+ = 359$	$\triangle y_1^+ = 0,5$		$L_{y1}^+ = 784$	$\triangle y_1^+ = 1$
	$L_z^+ = 564$	$\triangle z^+ = 14$		$L_z^+ = 1230$	$\triangle z^+ = 39$
180−1.01	$L_x^+ = 1130$	$\triangle x^+ = 34$	395−1.07	$L_x^+ = 2570$	$\triangle x^+ = 40$
	$L_{y2}^+ = 359$	$\triangle y_2^+ = 0,5$		$L_{y2}^+ = 830$	$\triangle y_2^+ = 1$
	$L_{y1}^+ = 359$	$\triangle y_1^+ = 0,5$		$L_{y1}^+ = 808$	$\triangle y_1^+ = 1$
	$L_z^+ = 563$	$\triangle z^+ = 14$		$L_z^+ = 1290$	$\triangle z^+ = 40$
180−2−cst	$L_x^+ = 1090$	$\triangle x^+ = 33$	395−2−cst	$L_x^+ = 2400$	$\triangle x^+ = 37$
	$L_{y2}^+ = 212$	$\triangle y_2^+ = 0,3$		$L_{y2}^+ = 483$	$\triangle y_2^+ = 0,6$
	$L_{y1}^+ = 524$	$\triangle y_1^+ = 0,7$		$L_{y1}^+ = 1100$	$\triangle y_1^+ = 1,4$
	$L_z^+ = 544$	$\triangle z^+ = 14$		$L_z^+ = 1200$	$\triangle z^+ = 37$
180−2−dyn	$L_x^+ = 1090$	$\triangle x^+ = 33$	395−2−dyn	$L_x^+ = 2410$	$\triangle x^+ = 38$
	$L_{y2}^+ = 214$	$\triangle y_2^+ = 0,3$		$L_{y2}^+ = 485$	$\triangle y_2^+ = 0,6$
	$L_{y1}^+ = 522$	$\triangle y_1^+ = 0,7$		$L_{y1}^+ = 1110$	$\triangle y_1^+ = 1,4$
	$L_z^+ = 546$	$\triangle z^+ = 14$		$L_z^+ = 1200$	$\triangle z^+ = 38$
180−2−0	$L_x^+ = 1070$	$\triangle x^+ = 33$	395−5−cst	$L_x^+ = 2060$	$\triangle x^+ = 32$
	$L_{y2}^+ = 213$	$\triangle y_2^+ = 0,3$		$L_{y2}^+ = 199$	$\triangle y_2^+ = 0,3$
	$L_{y1}^+ = 503$	$\triangle y_1^+ = 0,7$		$L_{y1}^+ = 1380$	$\triangle y_1^+ = 1,8$
	$L_z^+ = 536$	$\triangle z^+ = 14$		$L_z^+ = 1030$	$\triangle z^+ = 32$
180−5−cst	$L_x^+ = 919$	$\triangle x^+ = 28$	395−5−dyn	$L_x^+ = 2110$	$\triangle x^+ = 33$
	$L_{y2}^+ = 138$	$\triangle y_2^+ = 0,1$		$L_{y2}^+ = 206$	$\triangle y_2^+ = 0,3$
	$L_{y1}^+ = 624$	$\triangle y_1^+ = 0,9$		$L_{y1}^+ = 1380$	$\triangle y_2^+ = 1,8$
	$L_z^+ = 459$	$\triangle z^+ = 12$		$L_z^+ = 1060$	$\triangle z^+ = 33$
180−5−dyn	$L_x^+ = 925$	$\triangle x^+ = 28$			
	$L_{y2}^+ = 89$	$\triangle y_2^+ = 0,1$			
	$L_{y1}^+ = 620$	$\triangle y_1^+ = 0,9$			
	$L_z^+ = 463$	$\triangle z^+ = 12$			

TABLE 2.4 – Caractéristiques des maillages.

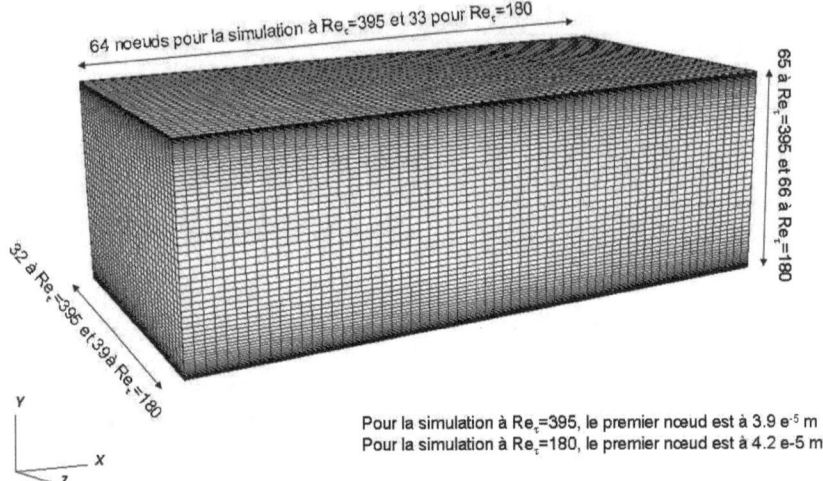

FIGURE 2.2 – Maillage du canal plan turbulent.

sur chaque paroi. La température T_1 de la paroi du bas est fixée à $T_1 = 293\ K$. La température T_2 de la paroi du haut est imposée à une valeur supérieure ou égale à T_1 ($T_2 = 293, 296, 313$, 586 ou 1465) en fonction du ratio de température recherché ($\frac{T_2}{T_1} = 1; 1,01; 1,07; 2$ ou 5).

Pour les autres faces, que ce soit pour l'étude dynamique ou pour l'étude thermique, nous choisissons une condition aux limites de périodicité. Cette condition permet de simuler un domaine infini, et donc un écoulement totalement développé, tout en réduisant la taille du domaine. En imposant une condition de périodicité pour la vitesse, on l'impose aussi sur la pression. Ceci implique que le gradient de pression longitudinale est nul. Or, c'est ce gradient qui est le moteur de l'écoulement. Sans lui, et à cause des forces de frottement, le débit de l'écoulement va décroître jusqu'à être nul. Il faut donc introduire une force de volume qui remplace le gradient de pression longitudinal et permet d'avoir un débit massique constant $\left(D_m = L_z \int_{y=0}^{2h} <\rho> (y) < U > (y) dy\right)$.

Dans nos simulations, nous imposons ce débit massique afin d'atteindre le Reynolds turbulent visé. D'une simulation à l'autre, en fonction du rapport de température et du nombre Reynolds turbulent visé, le débit à imposer est différent. Nous avons donc à itérer sur ce débit afin d'obtenir la bonne valeur pour $Re_{\tau m}$. Cette différence de débit se répercute au niveau du nombre de Reynolds *bulk*, Re_b, comme on peut le voir dans les tableaux 2.2 et 2.3.

Conditions initiales

La condition initiale pour la vitesse est un profil de vitesse parabolique sur la composante U et des fluctuations pour les composantes U, V et W.

La condition initiale pour la température dépend de la valeur des conditions aux limites thermiques. Pour les simulations isothermes (180-1 et 395-1), la température est uniforme et constante tout au long du calcul. Pour les simulations faiblement anisothermes (180-1.01 et 395-1.07), on impose un profil variant linéairement de T_1 en $y = 0$ à T_2 en $y = 2h$. Pour les simulations fortement anisothermes (avec $\frac{T_2}{T_1} = 2$ ou 5), le choix du profil linéaire n'a pas été conservé (Husson (2007)), nous avons préféré reprendre des simulations, dont le rapport de température était moins important, en ayant au préalable "étiré" le profil de température pour qu'il s'étende de T_1 à la nouvelle température T_2'. Pour se faire, nous avons utilisé la méthode ci-dessous pour modifier le profil de température moyen.

$$T' = \left[(T - T_1) \frac{T_2' - T_1}{T_2 - T_1} \right] + T_1 \tag{2.15}$$

Le modèle, ainsi que les différentes conditions aux limites et initiales que nous avons utilisés pour notre étude, sont les mêmes que ceux utilisés par Husson (2007).

Nous allons maintenant présenter les résultats qui nous ont permis de valider notre modèle par comparaison avec les données de la littérature. Dans un second temps, nous effectuerons l'étude de la modélisation sous-maille thermique, afin de pouvoir nous consacrer à l'étude de l'influence du gradient de température sur l'écoulement turbulent dans les chapitres suivants.

2.3 Validation du modèle de Simulation des Grandes Échelles Thermiques

Pour valider notre modèle de Simulation des Grandes Échelles Thermiques, nous avons comparé nos résultats aux DNS que l'on peut trouver dans la littérature (voir tableau 2.1). Nous avons, dans un premiers temps, validé notre modèle dynamique pour un écoulement isotherme avec les DNS de Kim *et al.* (1987) et Debusschere *et al.* (2004) pour une faible intensité turbulente ($Re_{\tau m} = 180$) et celles de Moser *et al.* (1999), Kawamura *et al.* (1999) et Kawamura *et al.* (2000) pour une intensité turbulente supérieure ($Re_{\tau m} = 395$). Dans un second temps, nous avons validé notre modèle de TLES en comparant la simulation ayant une intensité turbulente de $Re_{\tau m} = 180$ et un rapport de température de 2, à la DNS de Nicoud (1998). À notre connaissance, il n'existe aucune DNS considérant un écoulement anisotherme ayant une intensité turbulente supérieure $Re_{\tau m} = 180$ ou un rapport de température dépassant 2.

2.3.1 Simulations isothermes

Sur les figures 2.3(a), 2.3(b) et 2.3(c) sont tracés les profils de vitesse moyenne, des fluctuations de vitesse et des corrélations vitesse-vitesse comparés aux profils obtenus par Kim *et al.* (1987) pour un nombre de Reynolds turbulent de $Re_{\tau m} = 180$.

Sur les figures 2.4(a), 2.4(b) et 2.4(c) sont tracés les profils de vitesse moyenne, les fluctuations de vitesses et la corrélation vitesse-vitesse comparés aux profils obtenus par Moser *et al.* (1999), Kawamura *et al.* (1999) et Kawamura *et al.* (2000) pour un nombre de Reynolds turbulent de $Re_{\tau m} = 395$.

On peut remarquer que nos résultats sont proches des profils obtenus par DNS malgré quelques différences visibles sur les fluctuations de vitesse.

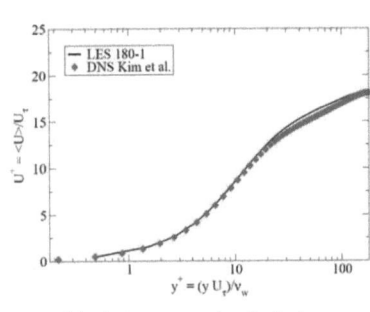

(a) vitesse moyenne longitudinale.

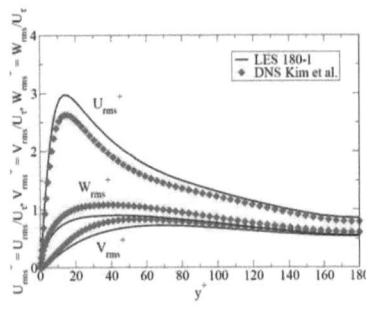

(b) fluctuations de vitesse.

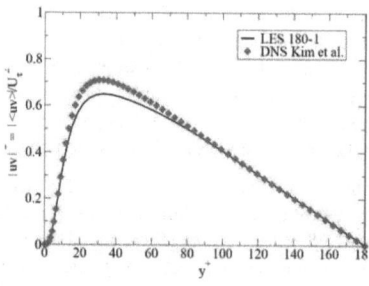

(c) corrélation double vitesse-vitesse.

FIGURE 2.3 – Comparaison des profils à $Re_{\tau m} = 180$ avec la DNS de Kim *et al.*

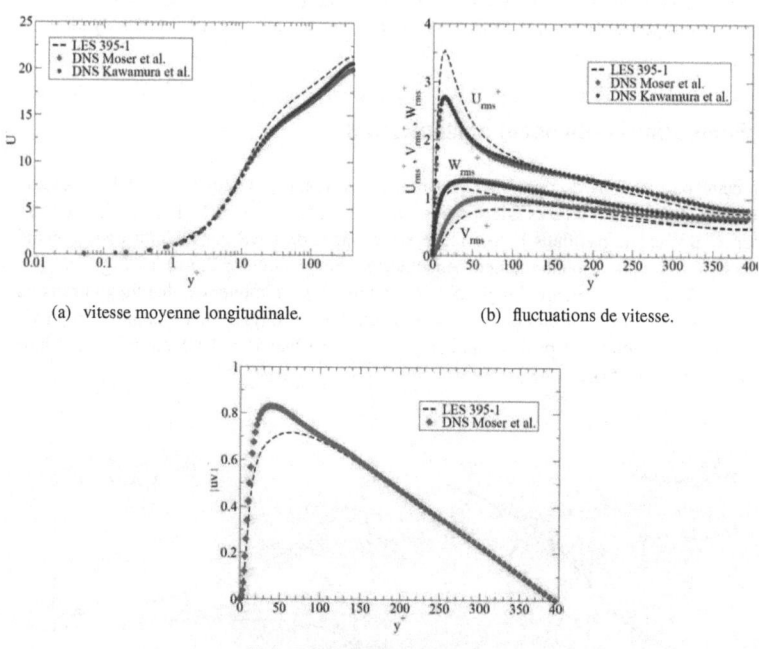

(a) vitesse moyenne longitudinale.

(b) fluctuations de vitesse.

(c) corrélation double vitesse-vitesse.

FIGURE 2.4 – Comparaison des profils à $Re_{\tau m} = 395$ avec les DNS de Moser *et al* et de kawamura *et al* avec $\frac{T_2}{T_1} = 1$.

On note, au centre du canal, que nos LES surestiment très légèrement les valeurs de la vitesse moyenne. Les plus grosses différences, qui restent malgré tout peu importantes, sont obtenues sur les valeurs des fluctuations de vitesse et sur celles des corrélations doubles. Les fluctuations de vitesse longitudinale sont surestimées alors que celles transverse et normale sont sous-estimées. Les différences notées sur les fluctuations sont typiques d'une redistribution d'énergie de la direction longitudinale vers les autres directions. En ce qui concerne la corrélation double vitesse-vitesse, elle est sous-estimée. Les pics des profils de fluctuations de vitesse longitudinale et de corrélation double vitesse-vitesse sont bien situés.

Châtelain *et al.* (2004), pour une simulation à $Re_{\tau m} = 180$, et Husson (2007), pour une simulation à $Re_{\tau m} = 395$, ont réalisé des simulations, avec deux maillages différents, et ont remarqué que l'écart entre leurs LES et les DNS se réduit quand le maillage est plus fin. Pour notre étude, nous comparons des simulations réalisées avec le même maillage, considérant des rapports de température différents. Vu la diminution du pas temps avec l'augmentation du rapport de température, l'utilisation d'un maillage plus fin pour nos simulations n'est pas envisageable. Les faibles différences entre nos résultats et ceux de la littérature, et le fait que pour notre étude nous comparons des simulations réalisées avec le même modèle et donc avec les mêmes différences par rapport à une DNS, nous permettent de valider notre modèle dynamique de LES.

2.3.2 Simulations faiblement anisothermes

Dans cette partie, nous comparons des simulations ayant une faible intensité turbulente ($Re_{\tau m} = 180$), considérant un très faible rapport de température ($\frac{T_2}{T_1} = 1.01$, soit 3 k). À notre connaissance, il n'existe pas dans la littérature, de données de DNS considérant une intensité turbulente supérieure pour un écoulement anisotherme. Sur les figures 2.5(a) à 2.5(g) sont tracés les profils de vitesse moyenne longitudinale, de température moyenne, des fluctuations de vitesse et température, des corrélations vitesse-vitesse, vitesse longitudinale-température et vitesse normale-température. Les profils sont comparés à ceux obtenus en DNS par Nicoud (1998) et Debusschere *et al.* (2004).

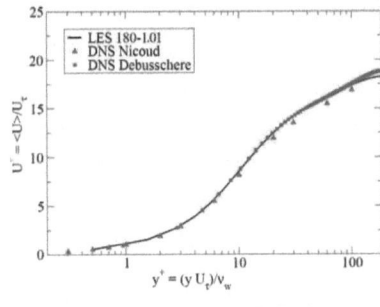

(a) vitesse moyenne longitudinale.

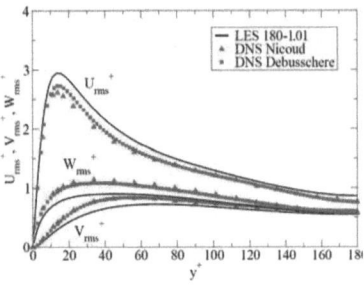

(b) fluctuations de vitesse.

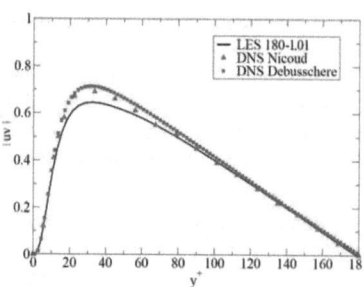

(c) corrélation double vitesse-vitesse.

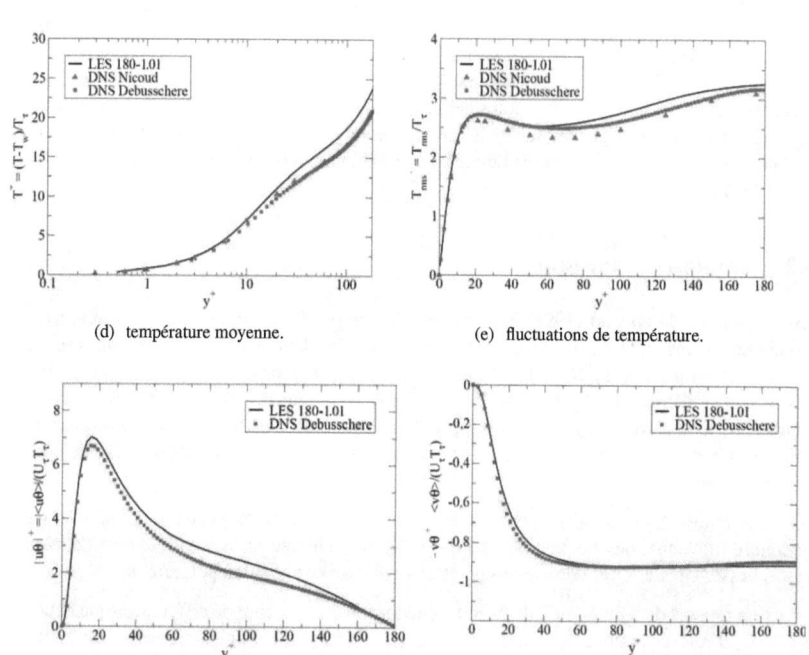

(d) température moyenne.

(e) fluctuations de température.

(f) corrélation double vitesse longitudinale-température (g) corrélation double vitesse normale-température.

FIGURE 2.5 – Comparaison des profils à $Re_{\tau m} = 180$ avec les DNS de Nicoud *et al* et de debusschere avec $\frac{T_2}{T_1} = 1.01$ *et al.*

On note sur les profils de vitesses, les mêmes différences que pour les simulations iso-thermes. En ce qui concerne les profils de températures, on note que nos TLES surestiment légèrement les profils de température moyenne, des fluctuations de température et de corrélation double vitesse longitudinale-température. En revanche, le profil de corrélation double vitesse normale-température se superpose très bien avec celui de la littérature. Les pics du profil de fluctuations de température et des corrélations double vitesse longitudinale-température sont, eux aussi bien retrouvés par nos simulations. Ceci nous conforte dans le fait que nous pouvons comparer nos simulations entre elles et étudier l'effet du gradient de température sur l'écoulement turbulent.

Les autres études en TLES se comparant à des DNS (Wang *et al.* (1996), Châtelain *et al.* (2004), Brillant (2004), Lessani *et al.* (2006) et Lessani *et al.* (2007)), sont, elles aussi, en accord avec les DNS. Toutefois, sur les profils de fluctuations de température de Brillant (2004) et Lessani *et al.* (2006), et sur les profils de corrélation double vitesse normale-température de Châtelain *et al.* (2004), les différences avec les DNS semblent plus marquées que les nôtres. Par contre, les profils des fluctuations de vitesse longitudinale et de température moyenne de Lessani *et al.* (2006) et Lessani *et al.* (2007), et sur le profil de corrélation double vitesse-vitesse de Châtelain *et al.* (2004), les différences sont légèrement moins importantes que dans notre cas. Ces petites différences notées entre toutes ces études peuvent être la conséquence de beaucoup de facteurs, à commencer par les schémas utilisés. Nous y reviendrons dans la partie 3.4. On peut donc conclure que pour un faible rapport de température, nos simulations concordent bien avec la littérature.

2.3.3   Simulations anisothermes

Seule la DNS de Nicoud (1998) nous permet de comparer des simulations plus fortement anisothermes. Dans cette partie, nous comparerons des simulations obtenues pour un rapport de $\frac{T_2}{T_1} = 2$ et un nombre de Reynolds turbulent de $Re_{\tau m} = 180$. Jusqu'à présent, les profils tracés étaient symétriques entre la partie haute et basse du domaine. Pour les simulations ayant un rapport de température de 2 ou de 5, les profils ne sont plus symétriques (nous analyserons en détail ce phénomène dans le chapitre 3). Nous tracerons donc séparément les profils du côté chaud et du côté froid.

Sur les figures 2.6(a) à 2.6(g), sont tracés les profils de vitesse moyenne longitudinale, de température moyenne, des fluctuations de vitesse et de température, des corrélations doubles vitesse-vitesse, vitesse longitudinale-température et vitesse normale-température.

Pour un rapport de température de 2, nous obtenons le même genre de différences que celles que l'on a pu relever pour les simulations isothermes et faiblement anisothermes, c'est à dire que nos profils de vitesse et de température moyennes sont proches de ceux de la DNS. Les seules différences sont visibles sur les profils des fluctuations de vitesses et de température ainsi que sur le profil de corrélation double vitesse-vitesse. En ce qui concerne les pics des différents profils (fluctuations et corrélations doubles), ils sont assez bien localisés par nos LES, en particulier du côté chaud. On remarque un petit décalage du côté froid pour le profil de corrélation double vitesse-vitesse et pour le profil des fluctuations de vitesse normale. On note aussi que l'amplitude du pic des fluctuations de température côté froid est retrouvée par nos TLES. Pour les fluctuations de vitesse longitudinale et normale, c'est aussi du côté chaud que l'on obtient la meilleure concordance avec les DNS.

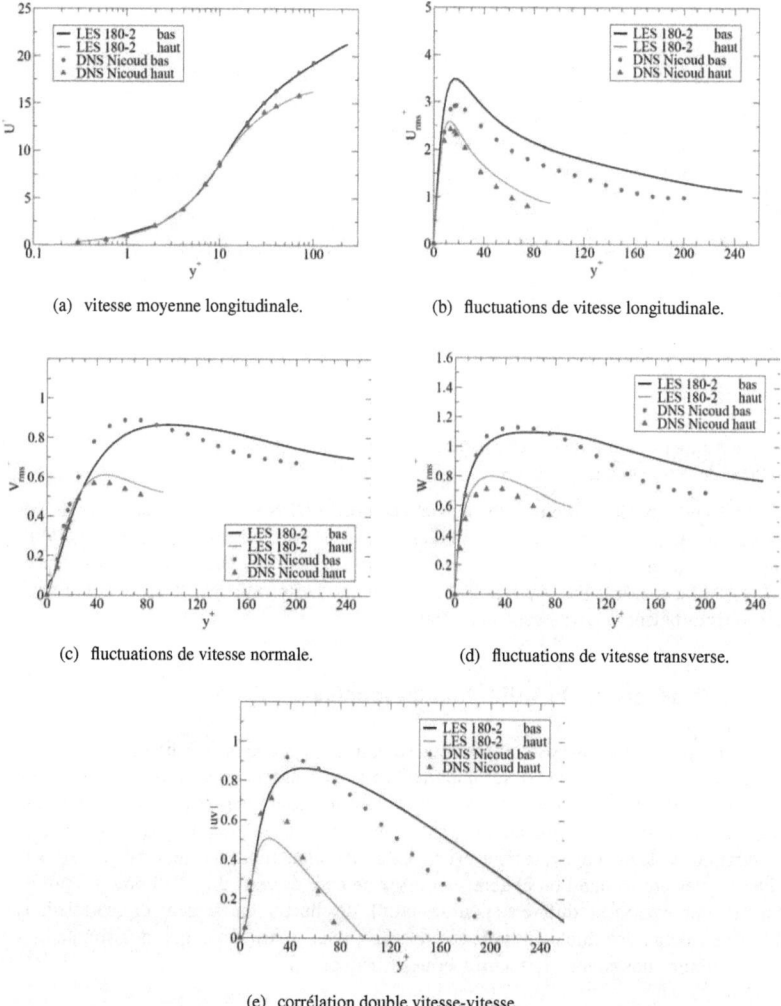

(a) vitesse moyenne longitudinale.

(b) fluctuations de vitesse longitudinale.

(c) fluctuations de vitesse normale.

(d) fluctuations de vitesse transverse.

(e) corrélation double vitesse-vitesse.

On peut remarquer que les profils du côté chaud sont plus proches des DNS que ceux du côté froid. Ceci s'explique par le fait que du côté chaud, la valeur du nombre de Reynolds turbulent $Re_{\tau 2}$ est inférieure au nombre $Re_{\tau m}$ visé et donc que le maillage du côté chaud est, en équivalence de Reynolds turbulent, plus fin. Ceci confirme ce qui avait déjà été dit pour les

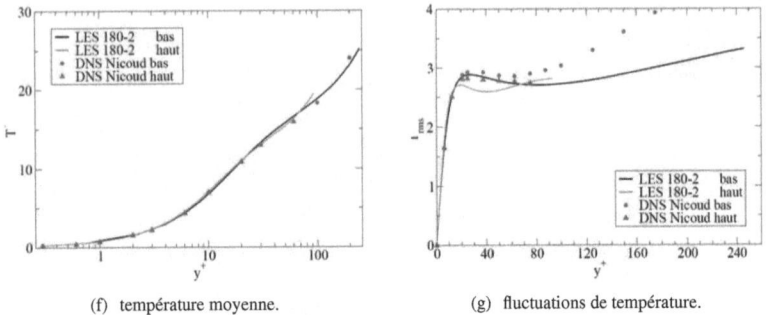

(f) température moyenne. (g) fluctuations de température.

FIGURE 2.6 – Comparaison des profils à $Re_{\tau m} = 180$ avec la DNS de Nicoud (1998) avec $\frac{T_2}{T_1} = 2$

simulations isothermes et faiblement anisothermes, qu'avec un maillage plus fin, les profils se rapprochent de ceux obtenus par DNS.

Les différences notées entre nos résultats et ceux de la DNS s'expliquent aussi par le fait que les valeurs du nombre de Reynolds turbulent, à chaque paroi, données par Nicoud (1998) ne sont pas les mêmes que les nôtres ($Re_{\tau 1} = 200$ et $Re_{\tau 2} \approx 80$). En effet, dans son étude, Nicoud (1998) ne conserve pas le Reynolds turbulent mais le Reynolds débitant, ce qui fait que son Reynolds turbulent moyen n'est que de 160.

2.3.4 Conclusions sur la validation du modèle

Dans cette partie, nous avons comparé nos simulations avec les DNS disponibles dans la littérature. Le choix du maillage est très important et a des conséquences sur les résultats. Pour réaliser notre étude, nous comparerons des simulations ayant le même maillage. Ce maillage doit permettre de réaliser des simulations ayant un très fort gradient de température. C'est avec cette contrainte sur le maillage que nous avons réalisé les simulations qui sont comparées avec la littérature. Les profils que l'on obtient sont assez proches de ceux des DNS pour les profils moyens. Ils sont légèrement différents pour les profils des fluctuations et ceux des corrélations doubles. Étant donné les faibles différences relevées, nous considérons que nos simulations isothermes, comme nos simulations anisothermes, sont bonnes.

Maintenant que nos simulations numériques sont validées, nous allons nous intéresser au modèle sous-maille thermique, afin d'avoir un modèle de TLES le plus représentatif de la réalité possible.

2.4 Étude du modèle sous-maille thermique

Dans la partie 1.2.4, nous avons décrit deux modélisations différentes pour résoudre le flux de chaleur sous-maille $\Im_j$. Ces deux modèles sont basés sur une diffusivité sous-maille. Le premier, le plus simple, considère un nombre de Prandtl sous-maille constant ($Pr_{sm} = 0, 9$) et le second le résout dynamiquement. Le nombre de Prandtl sous-maille est un nombre adimensionnel représentant le rapport entre la viscosité sous-maille et la diffusivité sous-maille. Husson (2007) a montré que pour un écoulement ayant une faible intensité turbulente ($Re_{\tau m} = 180$) soumis à un rapport de température de 2, une modélisation sous-maille considérant un nombre de Prandtl constant permet d'obtenir les mêmes résultats qu'en utilisant une modélisation calculant dynamiquement le nombre de Prandtl sous-maille. Considérer le nombre de Prandtl sous-maille constant, revient à dire que l'évolution de la diffusivité sous-maille thermique est proportionnelle à celle de la viscosité sous-maille dynamique.

En partant des conclusions de Husson (2007), nous allons approfondir l'étude de la modélisation sous-maille thermique. Nous avons d'abord cherché à savoir si l'effet de la diffusivité sous-maille n'était pas négligeable pour la simulation 180-2, en réalisant une simulations dans laquelle la diffusivité sous-maille est nulle. Dans un second temps, nous avons poursuivi l'étude de la modélisation sous-maille thermique en comparant les simulations 395-2, 180-5 et 395-5 réalisées avec les deux modèles sous-maille.

2.4.1 Comparaison des simulations à $Re_{\tau m} = 180$ et $\frac{T_2}{T_1} = 2$

Dans cette partie, nous comparons des simulations ayant une faible intensité turbulente ($Re_{\tau m} = 180$) et un rapport de température de 2. Ces simulations se différencient par leur modélisation sous-maille thermique. La simulation 180-2-cst considère une nombre de Prandtl sous-maille constant, la simulations 180-2-dyn le résout dynamiquement et la simulation 180-2-0 est réalisée avec une diffusivité sous-maille nulle. Sur les figures 2.7, sont comparés les profils obtenus pour ces trois simulations.

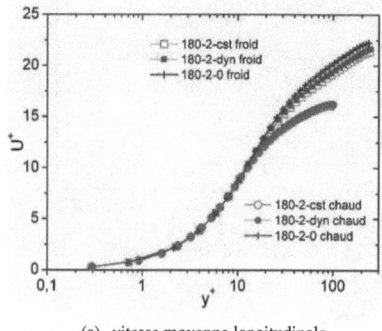

(a) vitesse moyenne longitudinale.

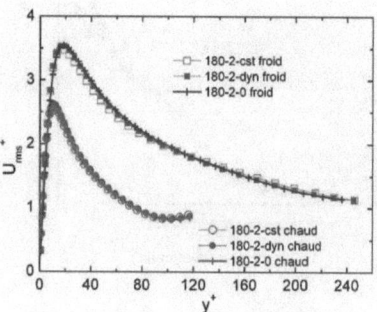

(b) fluctuations de vitesse longitudinale.

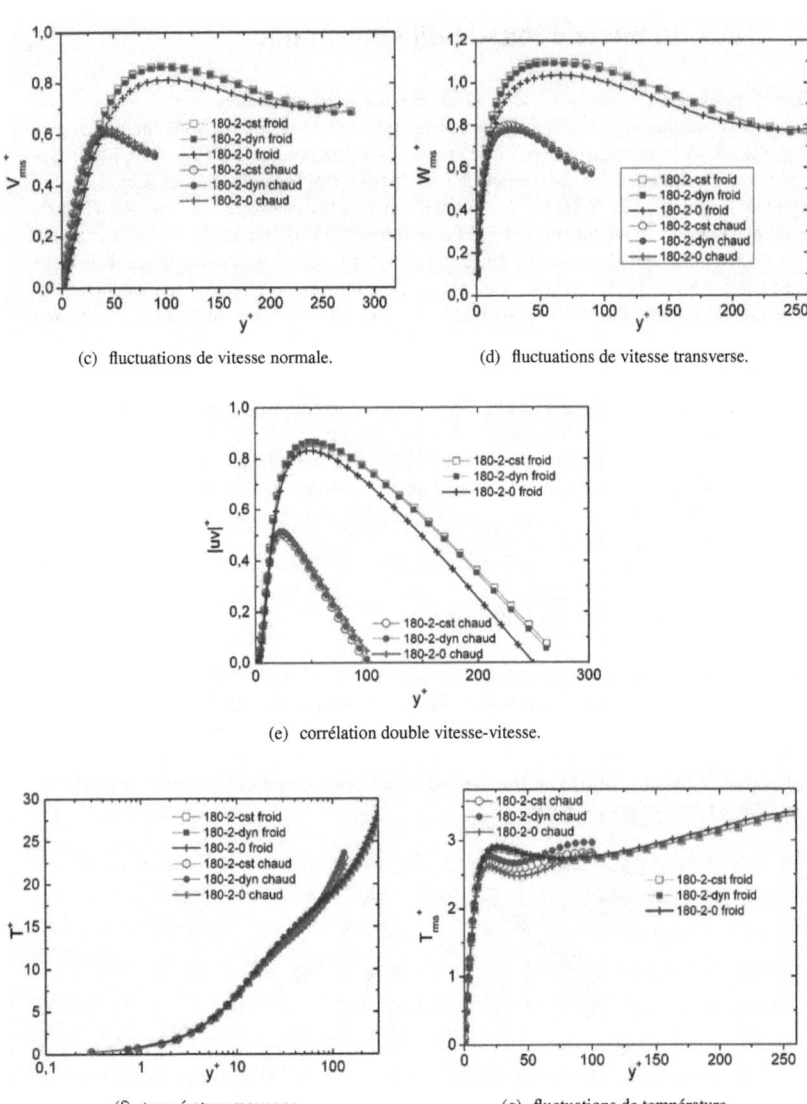

(c) fluctuations de vitesse normale.

(d) fluctuations de vitesse transverse.

(e) corrélation double vitesse-vitesse.

(f) température moyenne.

(g) fluctuations de température.

En comparant les simulations 180-2-cst et 180-2-dyn, on peut voir que les profils (figures 2.7) obtenus pour ces deux simulations sont très proches les uns des autres. Nous avons tracé sur la figure 2.8, l'évolution du nombre de Prandtl sous-maille pour ces deux modèles.

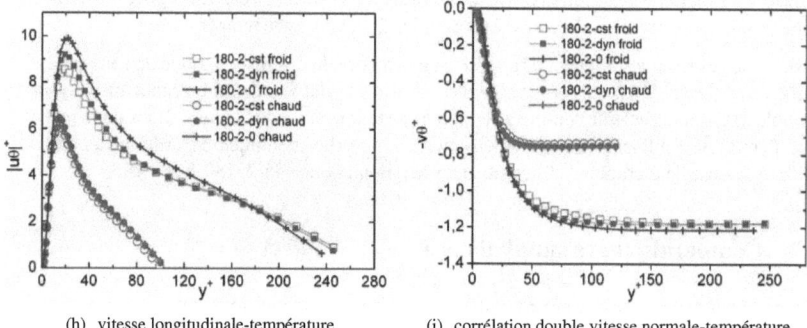

(h)   vitesse longitudinale-température.   (i)   corrélation double vitesse normale-température.

FIGURE 2.7 – Comparaison des profils, obtenus avec les deux modèles sous-mailles thermiques et sans modèle, à $Re_{\tau m} = 180$ et $\frac{T_2}{T_1} = 2$.

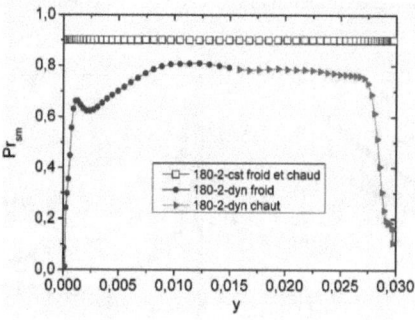

FIGURE 2.8 – Évolution du nombre de Prandtl sous-maille pour les simulations 180-2-cst et 180-2-dyn.

On peut voir que les deux profils sont très différents l'un de l'autre. Ceci nous amène à nous demander si la diffusivité sous-maille thermique a un effet sur cet écoulement ?

Pour répondre à cette question, on compare la simulation 180-2-0 ayant une diffusivité sous-maille nulle aux simulations 180-2-cst et 180-2-dyn (figures 2.7), On peut voir que les profils obtenus avec la simulation 180-2-0 se démarquent de ceux des simulations 180-2-cst et 180-2-dyn. La différence ne se voit pas sur tous les profils. Par exemple, les profils de température moyenne (figure 2.7(f)) et de fluctuations de vitesse longitudinale (figure 2.7(b)) sont très proches de ceux des simulations 180-2-cst et 180-2-dyn. Tous les autres profils, vitesse moyenne longitudinale (figure 2.7(a)), fluctuations des vitesses normale et longitudinale (figures 2.7(c) et 2.7(d)), fluctuations de température (figure 2.7(g)) et corrélations doubles (figures 2.7(e), 2.7(h) et 2.7(i)) sont clairement différents. Ces différences se voient du côté froid pour les profils faisant intervenir la vitesse et du côté chaud pour les fluctuations de température.

Au vu de ces résultats, on peut dire qu'il est indispensable d'utiliser un modèle sous-maille thermique, et que la diffusivité sous-maille thermique a un effet visible sur un écoulement ayant une faible intensité turbulente soumis à un rapport de température de 2. Nous allons donc poursuivre l'étude de l'influence de la modélisation sous-maille thermique en utilisant les deux modèles sous-maille thermiques différents pour les simulations 395-2, 180-5 et 395-5.

2.4.2 Comparaison des simulations à $Re_{\tau m} = 395$ et $\frac{T_2}{T_1} = 2$

Dans cette partie, nous comparons des simulations ayant une forte intensité turbulente ($Re_{\tau m} = 395$) et un rapport de température de 2 (simulations 395-2-cst et 395-2-dyn). Nous avons représenté, pour la partie dynamique, les profils de vitesse moyenne longitudinale, des fluctuations de vitesse et la corrélation double vitesse-vitesse. Pour la partie thermique, nous avons tracé les profils de température moyenne, des fluctuations de température et les corrélations doubles vitesse longitudinale-température et vitesse normale-température.

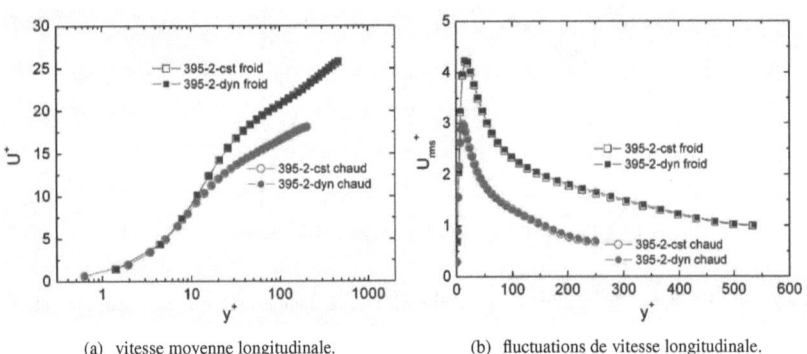

(a) vitesse moyenne longitudinale. (b) fluctuations de vitesse longitudinale.

On peut noter que sur les figures 2.9(a) à 2.9(e), celles qui ne représentent que la partie dynamique, les profils se superposent parfaitement. En ce qui concerne la partie thermique, les profils de température moyenne (figure 2.9(f)) sont eux aussi les mêmes. On peut noter quelques différences sur les profils de fluctuations de température et des corrélations doubles vitesse-température.

On peut donc conclure que pour des écoulements turbulents soumis à un rapport de température de $\frac{T_2}{T_1} = 2$, le modèle utilisant un nombre de Prandtl sous-maille constant est suffisant pour obtenir de bons résultats.

Nous allons maintenant voir si cette conclusion est toujours valable pour un rapport de température supérieur ($\frac{T_2}{T_1} = 5$).

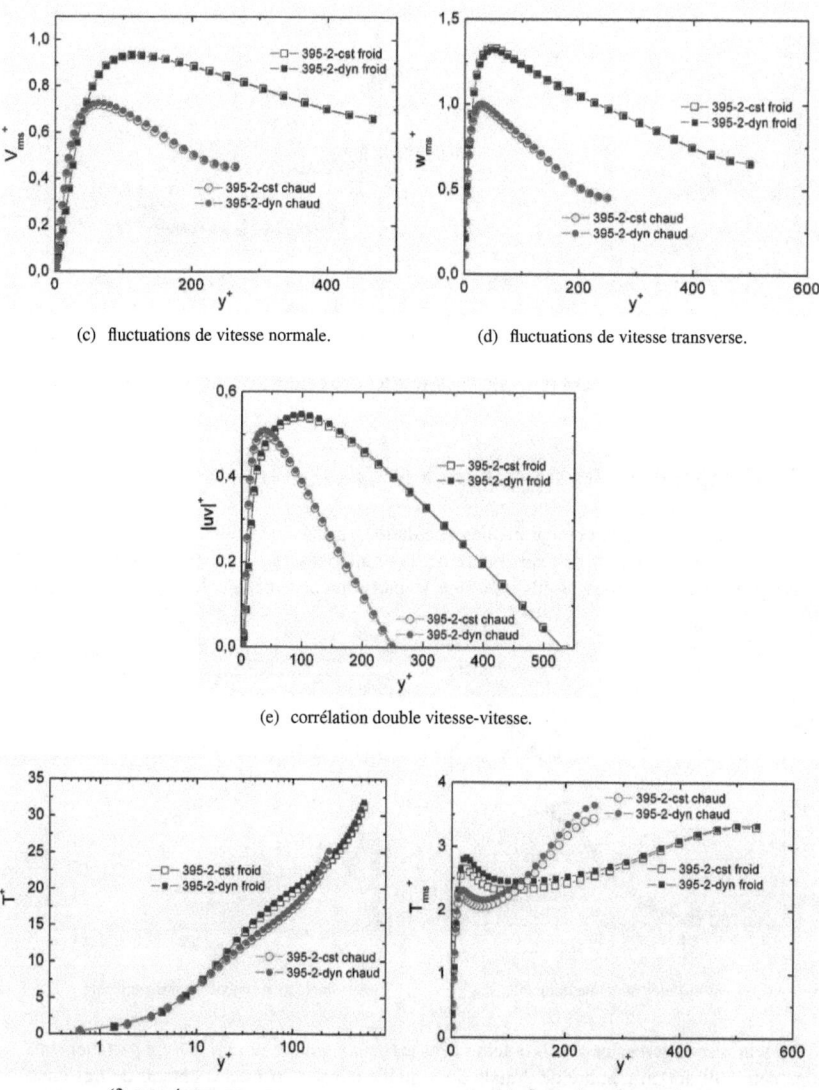

(c) fluctuations de vitesse normale. (d) fluctuations de vitesse transverse.

(e) corrélation double vitesse-vitesse.

(f) température moyenne. (g) fluctuations de température.

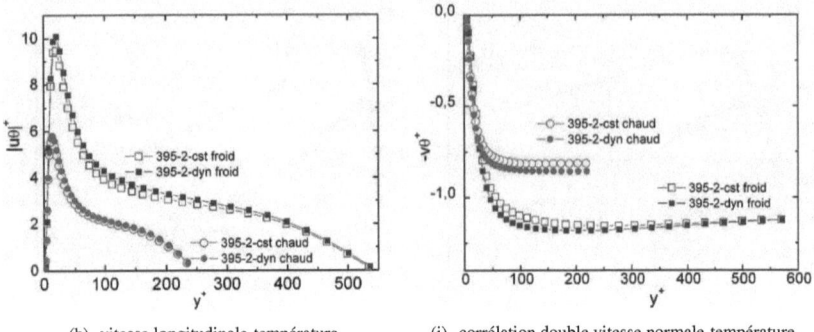

(h) vitesse longitudinale-température. (i) corrélation double vitesse normale-température.

FIGURE 2.9 – Comparaison des profils, obtenus avec les deux modèles sous-mailles thermiques, à $Re_{\tau m} = 395$ et $\frac{T_2}{T_1} = 2$.

2.4.3 Comparaison des simulations à $Re_{\tau m} = 180$ et $\frac{T_2}{T_1} = 5$

Dans cette partie, nous comparons des simulations ayant une faible intensité turbulente ($Re_{\tau m} = 180$) et un rapport de température de 5 (simulations 180-5-cst et 180-5-dyn). Nous avons représenté, les mêmes profils que pour la partie précédente, sur les figures 2.10(a) à 2.10(i).

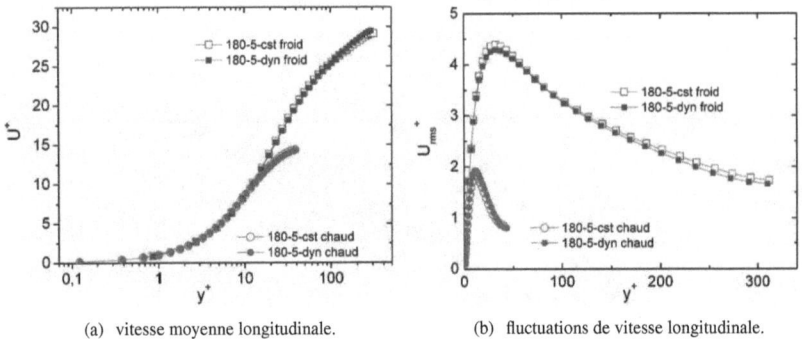

(a) vitesse moyenne longitudinale. (b) fluctuations de vitesse longitudinale.

Sur toutes ces figures, les profils obtenus avec les deux modèles se superposent parfaitement. Le modèle utilisant un nombre de Prandtl sous-maille constant permet d'obtenir de très bons résultats pour un écoulement faiblement turbulent ($Re_{\tau m} = 180$), malgré un fort rapport de température ($\frac{T_2}{T_1} = 5$).

Si l'on compare les différences notées entre les deux modèles pour les simulations 180-5 et 395-2, on remarque qu'elles sont moins marquées pour la simulation 180-5. Il semblerait que

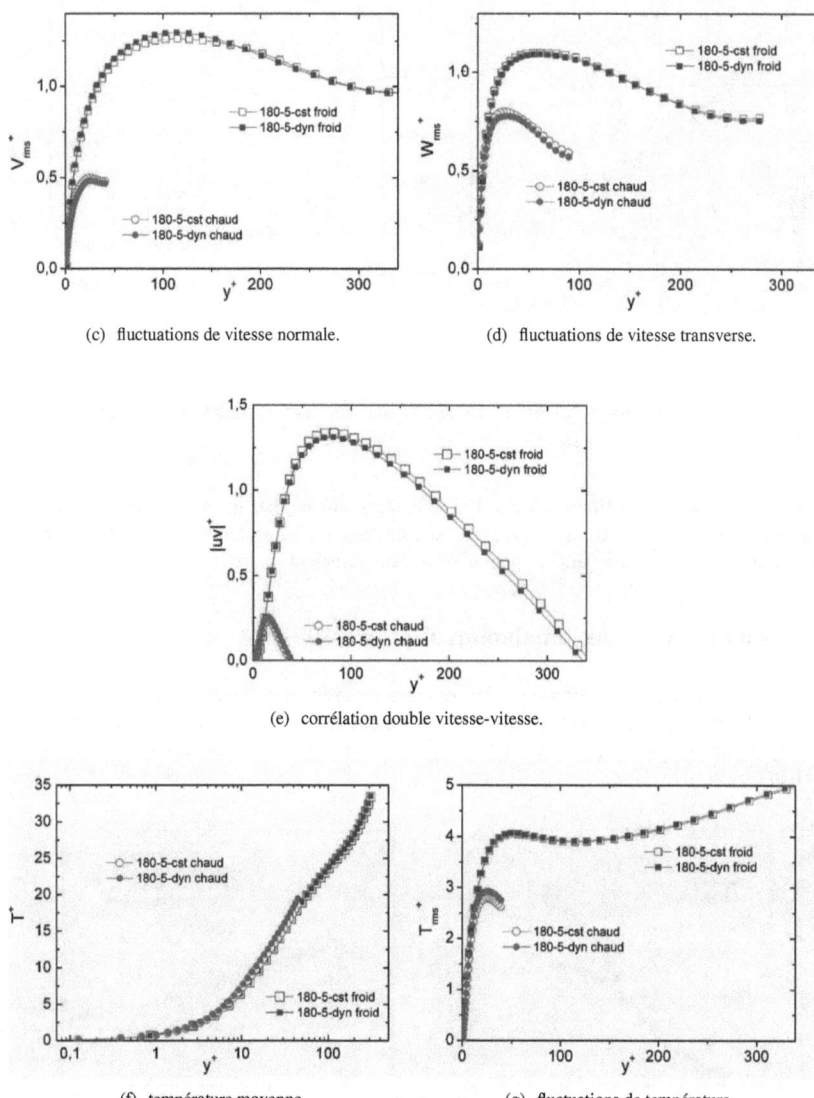

(c) fluctuations de vitesse normale.

(d) fluctuations de vitesse transverse.

(e) corrélation double vitesse-vitesse.

(f) température moyenne.

(g) fluctuations de température.

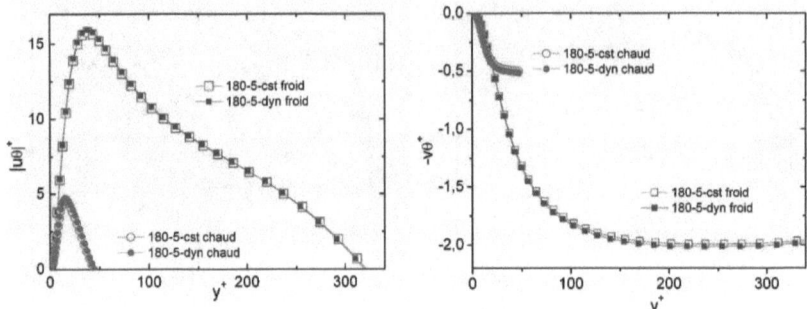

(h) corrélation double vitesse longitudinale-température. (i) corrélation double vitesse normale-température.

FIGURE 2.10 – Comparaison des profils, obtenus avec les deux modèles sous-mailles thermiques, à $Re_{\tau m} = 180$ et $\frac{T_2}{T_1} = 5$.

la turbulence, à travers son effet sur le nombre de Prandtl sous-maille, ait un effet important sur les profils faisant intervenir la vitesse. Il est donc nécessaire d'étudier, toujours pour un rapport de température de 5, des simulations ayant une intensité turbulente supérieure.

2.4.4 Comparaison des simulations à $Re_{\tau m} = 395$ et $\frac{T_2}{T_1} = 5$

Dans cette partie, nous comparons des simulations ayant une forte intensité turbulente ($Re_{\tau m} = 395$) et un rapport de température de 5 (simulations 395-5-cst et 395-5-dyn). Nous avons représenté, les mêmes profils que pour les deux parties précédentes, sur les figures 2.11(a) à 2.11(i).

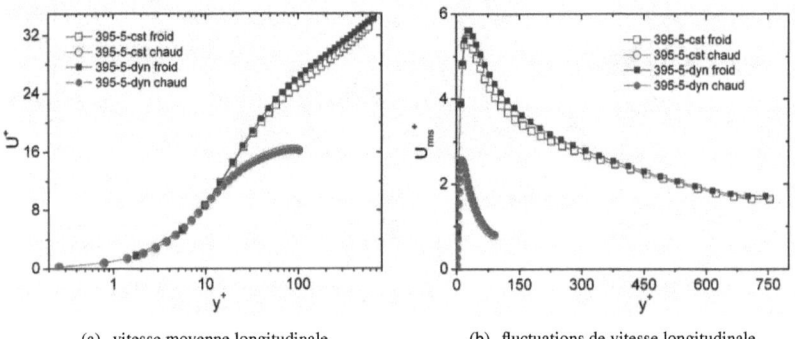

(a) vitesse moyenne longitudinale. (b) fluctuations de vitesse longitudinale.

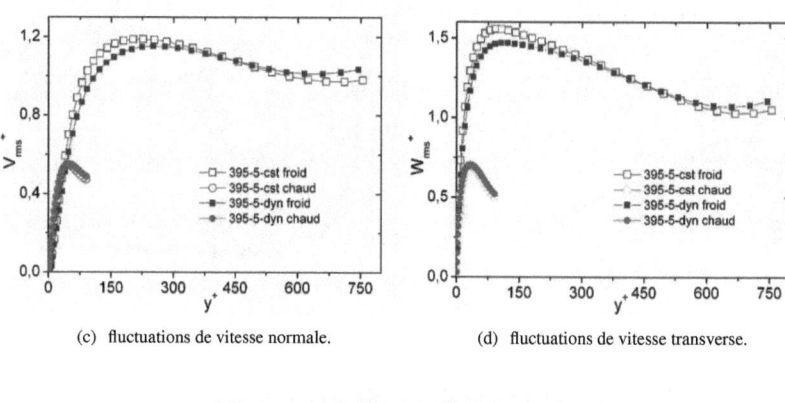

(c) fluctuations de vitesse normale.

(d) fluctuations de vitesse transverse.

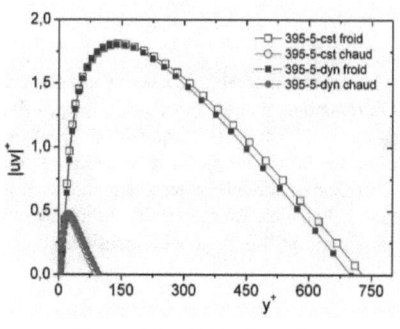

(e) corrélation double vitesse-vitesse.

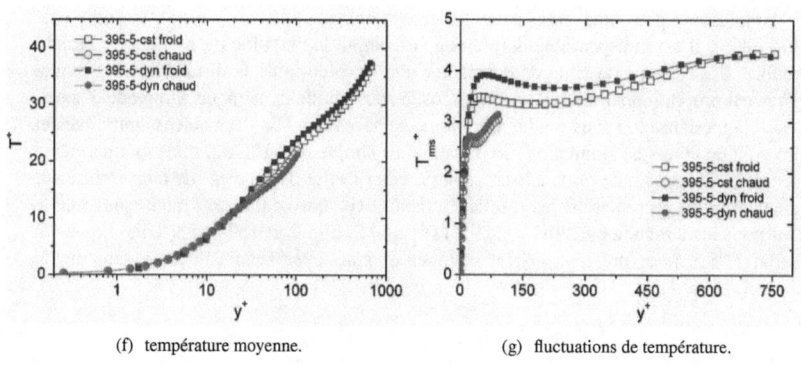

(f) température moyenne.

(g) fluctuations de température.

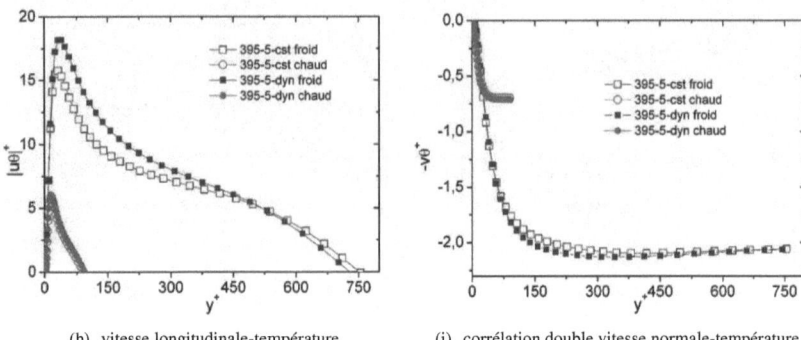

(h) vitesse longitudinale-température.   (i) corrélation double vitesse normale-température.

FIGURE 2.11 – Comparaison des profils obtenus avec les deux modèles sous-mailles ther-miques, à $Re_{\tau m} = 395$ et $\frac{T_2}{T_1} = 5$.

On voit que sur les profils ne faisant intervenir que les vitesses, les différences entre les deux modèles sont minimes. On remarque quand même, sur les profils des fluctuations de vi-tesse normale et transverse (figures 2.11(c) et 2.11(d)), que des différences commencent à être visibles. Par contre, sur tous les profils faisant intervenir la température (température moyenne, fluctuations de température et corrélations doubles vitesse-température), les différences entre les deux modèles sont importantes. Pour une forte intensité turbulente et un très fort rapport de température, il n'est plus possible d'utiliser le modèle considérant un nombre de Prandtl sous-maille constant.

2.4.5   Conclusion sur l'étude de la modélisation du flux sous-maille ther-mique $\Im_j$

En conclusion, pour une simulation fortement anisotherme ($\frac{T_2}{T_1} \geq 5$) et turbulente ($Re_{\tau m} \geq 395$), il est indispensable de prendre en compte la variation du nombre de Prandtl sous-maille. Il n'est plus possible de considérer que l'évolution de la diffusivité sous-maille thermique est proportionnelle à celle de la viscosité sous-maille dynamique. Un modèle spéci-fique pour la modélisation sous-maille thermique est nécessaire. En deçà de ces contraintes et pour un gain de temps de simulation, un modèle plus simple est suffisant, mais tout de même indispensable. Dans la suite du manuscrit, pour étudier l'effet du gradient de température sur l'écoulement, nous présenterons les résultats obtenus avec un nombre de Prandtl sous-maille constant pour les simulations 180-1.01, 395-1.07, 180-2, 395-2 et 180-5. Par contre, pour la simulation 395-5, nous présenterons les résultats obtenus avec la modélisation sous-maille dynamique.

Après avoir décrit les différentes équations et modèles utilisés dans notre étude, nous avons validé nos choix et défini les simulations que nous allons présenter par la suite. L'étude de l'impact du fort gradient de température sur un écoulement turbulent sera le fil conducteur des deux chapitres à venir. Nous analyserons dans le chapitre 3 l'influence du gradient de température sur les profils moyens, sur les fluctuations et sur les corrélations doubles, de vitesse et de température.

Chapitre 3

Influence du gradient de température - Espace physique

Dans cette partie, nous allons comparer, pour deux valeurs du nombre de Reynolds turbulent, les profils obtenus pour différents rapports de température. Pour cela, nous analyserons entre elles, les simulations 180-1.01, 180-2 et 180-5, qui sont obtenues pour un nombre de Reynolds turbulent de $Re_{\tau m} = 180$ avec des rapports de température de $\frac{T_2}{T_1} = 1,01$; 2 et 5, ainsi que les simulations 395-1.07, 395-2 et 395-5 qui sont obtenues pour un nombre de Reynolds turbulent de $Re_{\tau m} = 395$ avec des rapports de température de $\frac{T_2}{T_1} = 1,07$; 2 et 5. Suite aux conclusions obtenues dans les parties 2.2.2 et 2.4.5, les simulations ayant un rapport de température inférieur à 2 sont réalisées en considérant la viscosité et la conductivité comme constante. Pour les simulations ayant un rapport de température de 2 ou plus, la conductivité et la viscosité varient en fonction de la température. On utilise pour la simulation 395-5 un modèle sous-maille thermique dynamique alors que les autres simulations sont effectuées avec un nombre de Prandtl sous-maille constant, égal à 0,9. Nous comparerons les profils de vitesse et de température moyennes, les profils des fluctuations de vitesse et de température ainsi que les corrélations doubles vitesse-vitesse et vitesse-température.

3.1 Influence du gradient de température sur les profils moyens

3.1.1 Simulations à $Re_{\tau m} = 180$

Sur les figures 3.1(a) et 3.2(a) sont représentées, la vitesse moyenne longitudinale de deux façons différentes. La première figure montre les profils de vitesse adimensionnés par la vitesse moyenne longitudinale maximale, et la seconde montre les profils de vitesse adimensionnés avec la vitesse de frottement U_τ (adimensionnement utilisé dans les parties 2.3 et 2.4). Sur la figure 3.1(b), la température moyenne est adimensionnée de la façon suivante :

$$\frac{<T> -T_1}{T_2 - T_1} \tag{3.1}$$

Sur la figure 3.2(b), la température moyenne est adimensionnée par la température de frottement T_τ. Ces deux adimensionnements sont détaillés dans la partie 2.2.1.

Que ce soit pour la vitesse moyenne comme pour la température moyenne, les profils obtenus pour la simulation faiblement anisotherme (180-1.01) sont symétriques par rapport au centre du canal. On peut voir que lorsqu'on impose un gradient de température, les profils du côté chaud et du côté froid ne sont plus les mêmes. Pour la simulation 180-2, on peut remarquer sur la figure 3.1(a) que la vitesse maximale n'est plus obtenue au centre du canal mais légèrement du côté chaud du domaine. Le profil de température (3.1(b)) est légèrement au dessus de celui obtenu pour la simulation 180-1.01. Par contre, quand on regarde la simulation 180-5, les tendances sont totalement différentes. La vitesse maximale est de nouveau obtenue au centre du canal tandis que le profil de température est décalé vers le bas par rapport à celui de la simulation 180-1.01. En regardant plus attentivement le côté chaud du domaine pour la simulation 180-5 (figures 3.1(a) et 3.1(b)), on peut voir que le profil de vitesse est arrondi et que celui de température se rapproche d'une droite. Ces deux tendances sont caractéristiques d'un écoulement laminaire. On retrouve donc un effet de relaminarisation du côté chaud du domaine, déjà noté dans la littérature (voir partie 2.1).

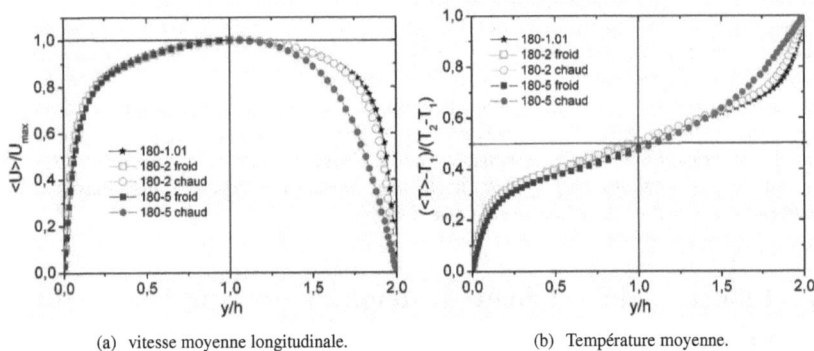

(a) vitesse moyenne longitudinale.　　　　　　(b) Température moyenne.

FIGURE 3.1 – Profils adimensionnés par U_{max} ou par T_{max} pour les simulations à $Re_{\tau m} = 180$.

Sur les profils 3.2(a) et 3.2(b), on peut voir qu'en utilisant un adimensionnement particulier, prenant en compte les caractéristiques de l'écoulement en proche paroi, la dissymétrie est toujours visible. En effet, plus le gradient de température augmente, plus les profils adimensionnés par les grandeurs de frottement (U_τ et T_τ) côté chaud et côté froid s'éloignent l'un de l'autre.

Les caractéristiques de l'écoulement ayant une intensité turbulente de $Re_{\tau m} = 180$ pour un rapport de température de 2 ne sont pas les mêmes que celles relevées pour l'écoulement ayant un rapport de température de 5 avec la même intensité turbulente. La relaminarisation du

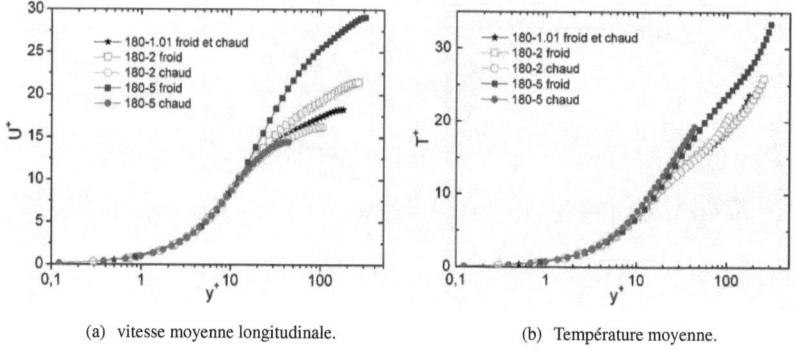

(a) vitesse moyenne longitudinale.　　　　　(b) Température moyenne.

FIGURE 3.2 – Profils adimensionnés par U_τ ou T_τ pour les simulations à $Re_{\tau m} = 180$.

côté chaud de la simulation 180-5 modifie les évolutions notées pour un écoulement totalement turbulent soumis à un fort gradient de température (simulation 180-2). L'étude de l'influence d'un gradient de température sur la turbulence nécessite donc des simulations supplémentaires pour confirmer les tendances remarquées sur la simulation 180-2.

3.1.2　Simulations à $Re_{\tau m} = 395$

Dans cette partie, nous avons réalisé la même étude que précédemment mais en augmentant l'intensité turbulente ($Re_{\tau m} = 395$). Les profils de vitesse moyenne sont représentés sur les figures 3.3(a) et 3.4(a) et ceux de température moyenne sur les figures 3.3(b) et 3.4(b).

On peut voir, sur les figures 3.3(a) et 3.3(b), que la dissymétrie créée par le gradient de température est amplifiée par l'augmentation de l'intensité turbulente. Le décalage de la vitesse maximale (figure 3.3(a)), du côté chaud du domaine, noté pour la simulation 180-2 est visible sur les simulations 395-2 et 395-5. Il est accentué à la fois par l'augmentation du gradient de température et par l'augmentation de l'intensité turbulente. En ce qui concerne le profil de température moyenne (figure 3.3(b)), on peut remarquer que plus le rapport de température augmente, plus le profil de température est décalé vers le haut par rapport à celui de la simulation faiblement anisotherme, 395-1.07. Une plus grande partie du domaine (plus de la moitié) est à une température supérieure à la température moyenne $T_m = (T_2 + T_1)/2$ qui par conséquent est obtenue du côté froid du domaine. Par ailleurs, l'effet de relaminarisation noté du côté chaud du domaine pour la simulation 180-5, n'est plus visible sur la simulation 395-5. L'augmentation de l'intensité turbulente est suffisamment importante pour que, malgré un rapport de température de 5, l'écoulement reste turbulent dans tout le domaine.

Sur les figures 3.4(a) et 3.4(b) on remarque qu'avec l'adimensionnement utilisant les grandeurs de frottement U_τ et T_τ, l'augmentation de l'intensité turbulente augmente la dissymétrie des profils et ce malgré le fait que l'intensité turbulente modifie les grandeurs frottements.

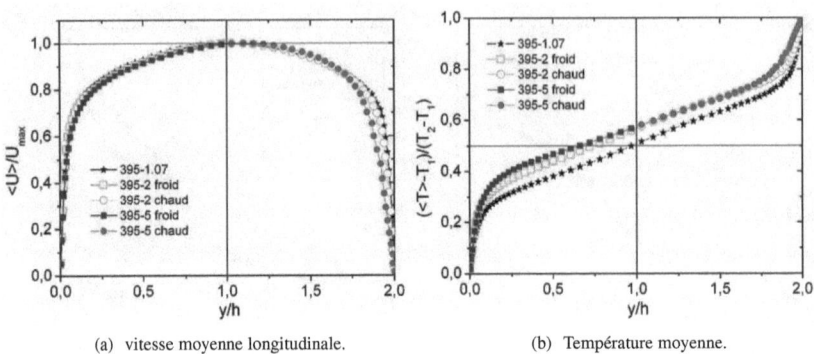

(a) vitesse moyenne longitudinale. (b) Température moyenne.

FIGURE 3.3 – Profils adimensionnés par U_{max} ou par T_{max} pour les simulations à $Re_{\tau m} = 395$.

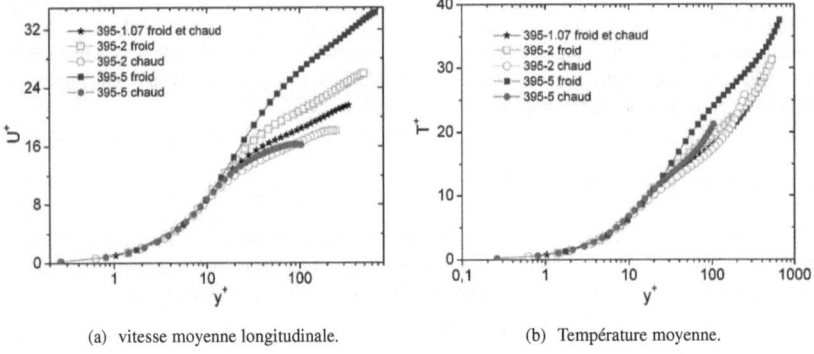

(a) vitesse moyenne longitudinale. (b) Température moyenne.

FIGURE 3.4 – Profils adimensionnés par U_τ ou T_τ pour les simulations à $Re_{\tau m} = 395$.

En conclusion sur les profils moyens de vitesse longitudinale et de température, on peut dire que pour toutes les simulations, exceptée la simulations 180-5, les évolutions des profils moyens de vitesse et de température, dues au gradient de température, sont les mêmes. On observe une dissymétrisation des profils du côté chaud par rapport à ceux du côté froid, un décalage de la vitesse maximale vers le côté chaud et un décalage de la température moyenne (T_m) du côté froid du domaine

On peut se demander si le fait que la simulation 180-5 évolue différemment, soit uniquement dû à l'effet de relaminarisation. Pour répondre à cette question, nous avons réalisé une étude sur un écoulement laminaire soumis à un gradient de température.

3.1.3   Influence du gradient de température sur un écoulement laminaire

Pour cette étude, nous avons calculé analytiquement l'effet de la température sur un écoulement laminaire. On s'intéresse à l'écoulement laminaire solution de l'équation de Poisson

$$\nabla(\mu\nabla u) = \nabla P = \Psi \tag{3.2}$$

soit, comme l'écoulement va dans la direction x,

$$\frac{d}{dy}\left(\mu\frac{du}{dy}\right) = \psi \tag{3.3}$$

La viscosité est calculée avec la loi de Sutherland

$$\mu = 1.461e^{-6}\,\frac{T^{1.5}}{T+111} \tag{3.4}$$

et la température varie linéairement en fonction de y,

$$T(y) = ay + b \tag{3.5}$$

On peut donc obtenir la vitesse u en fonction de la température

$$u = \psi\left(\alpha_1(T(y))^{3/2} + \alpha_2(T(y))^{1/2} + \alpha_3(T(y))^{-1/2} + \alpha_4\right) \tag{3.6}$$

où α_1, α_2 et α_3 dépendent du rapport de température imposé.

Sur la figure 3.5, sont représentés les profils de vitesse moyenne obtenus pour un écoulement laminaire et des rapports de température de 1, 2 et 5. On remarque que la vitesse maximale est décalée du côté froid du domaine, soit à l'opposé de ce que l'on a noté pour un écoulement turbulent.

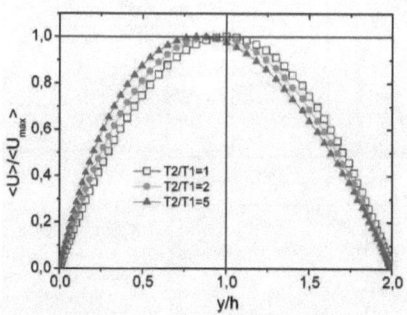

FIGURE 3.5 – Profils de vitesse pour un écoulement laminaire.

La différence d'évolution du profil de vitesse moyenne dans un cas laminaire ou turbulent, soumis à un gradient de température, peut s'expliquer en analysant l'effet de la température sur la viscosité totale. La viscosité totale est la somme de la viscosité moléculaire (μ), calculée avec la loi de Sutherland, et de la viscosité turbulente μ_{sm}, calculée par le modèle sous-maille dynamique :

$$\mu_{total} = \mu + \mu_{sm} \tag{3.7}$$

On sait que lorsque la température augmente, la viscosité moléculaire augmente et, à l'inverse, la viscosité turbulente diminue. En effet, la viscosité moléculaire d'un gaz augmente avec la température alors que, pour un même débit, un écoulement turbulent chauffé se relaminarise ; c'est à dire que la viscosité turbulente diminue.

Pour un écoulement laminaire, la viscosité turbulente est nulle et n'a donc pas d'effet sur l'écoulement. Dans ce cas là, seule la viscosité moléculaire influence l'écoulement. Du côté chaud du domaine, la viscosité totale (moléculaire pour un écoulement laminaire) est plus importante que du côté froid. Ceci incite à une nouvelle répartition de la vitesse dans l'écoulement, facilitant le passage du fluide du côté froid du domaine.

Pour un écoulement turbulent, les deux viscosités ont deux effets antagonistes sur l'écoulement. Il y a une compétition entre ces effets pour "commander" la viscosité totale. Pour un écoulement suffisamment turbulent, la viscosité turbulente l'emporte, ce qui fait que la viscosité totale est supérieure du côté froid. Dans ce cas là, la circulation du fluide est facilitée du côté chaud du domaine.

Pour la simulation 180-5, les deux viscosités ont des effets similaires sur la viscosité totale. Ceci explique pourquoi les tendances notées pour la simulation 180-2 (totalement turbulente) n'ont pas été amplifiées par l'augmentation du gradient de température. Pour cette simulation, on pourrait considérer que l'écoulement du côté chaud réagit comme un écoulement laminaire alors que du côté froid, il se comporte comme un écoulement turbulent (voir figure 3.6).

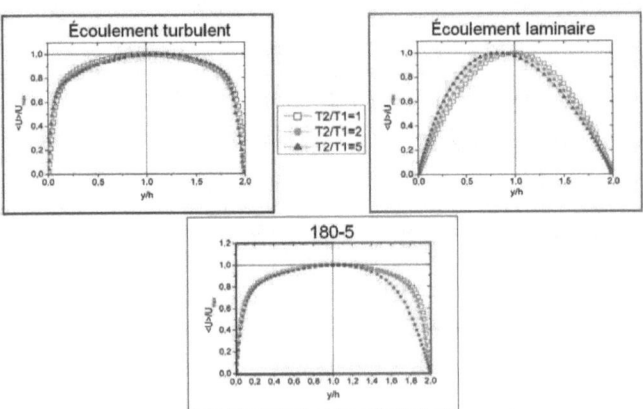

FIGURE 3.6 – Compétition des effets du gradient de température sur les différentes viscosités pour la simulation 180-5.

3.2 Influence du gradient de température sur les profils des fluctuations

Après avoir vu l'effet du gradient de température sur les profils moyens, nous allons étudier son effet sur les fluctuations de vitesse et de température. Les fluctuations sont étudiées pour les deux intensités turbulentes ($Re_{\tau m} = 180$ et $Re_{\tau m} = 395$) et sont comparées pour les trois rapports de température, $\frac{T_2}{T_1} = 1,01$ ou $1,07$; 2 et 5.

3.2.1 Simulations à $Re_{\tau m} = 180$

Sur les figures 3.7, sont tracés les profils des fluctuations de vitesse longitudinale, normale, transverse et de température adimensionnés par la vitesse longitudinale maximale pour les fluctuations de vitesse et par la différence de température ($\Delta T = T_2 - T_1$) pour les fluctuations de température. Sur toutes ces figures, on remarque une dissymétrie des profils entre le côté chaud et le côté froid due au gradient de température.

On peut voir sur les profils des fluctuations de vitesse longitudinale et de température (figures 3.7(a) et 3.7(d)) que, du côté froid, le gradient de température n'a que peu d'influence sur la localisation et l'amplitude du pic. Par contre, du côté chaud, plus le gradient de température augmente, plus le pic de fluctuations s'éloigne de la paroi et l'intensité des fluctuations diminue.

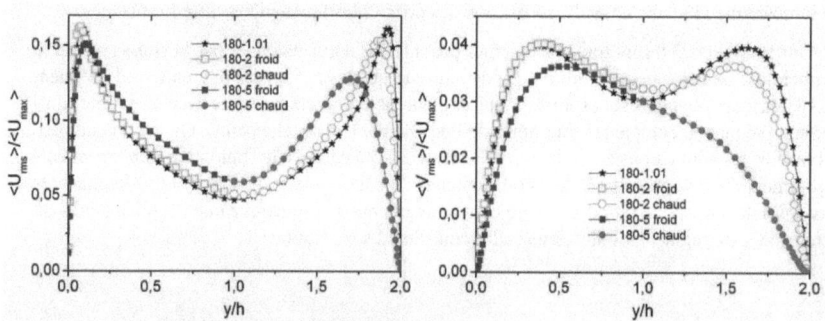

(a) fluctuations de vitesse longitudinale.   (b) fluctuations de vitesse normale.

On remarque que la forme du profil des fluctuations de température est modifiée pour la simulation soumise à un rapport de température de 5. Elle est composée de trois pics pour les simulations allant jusqu'à un rapport de température de 2 alors qu'il n'y a plus que deux pics pour la simulation 180-5. Le pic de fluctuations de température au centre du canal et celui du côté chaud ne font plus qu'un et créent une grande zone dans laquelle l'intensité des fluctuations de température est importante.

Cette modification de la forme générale du profil de fluctuations de température se note aussi

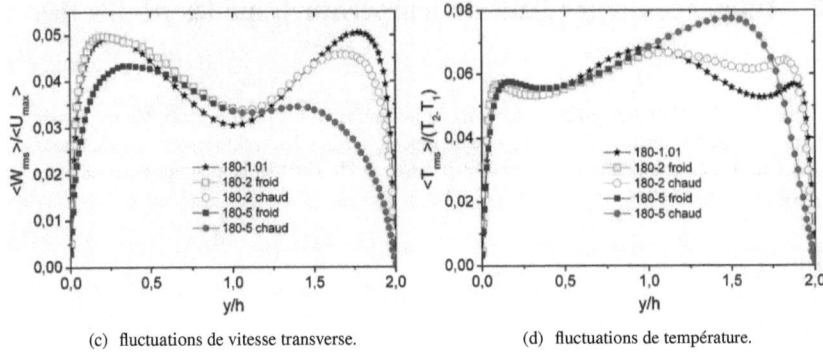

(c) fluctuations de vitesse transverse. (d) fluctuations de température.

FIGURE 3.7 – Profils des fluctuations adimensionnés par la vitesse longitudinale maximale ou par la différence de température $(T_2 - T_1)$ à $Re_{\tau m} = 180$.

pour les profils des fluctuations de vitesse normale et de vitesse transverse (figures 3.7(b) et 3.7(c)). Ils sont composés de deux pics pour les simulations allant jusqu'à un rapport de température de 2 alors qu'il n'y en a qu'un seul pour la simulation 180-5. Sur ces profils, le gradient de température modifie la localisation des pics du côté chaud comme du côté froid. Dans les deux cas, quand le rapport de température augmente, les pics s'éloignent des parois. Le gradient de température crée une nouvelle répartition des différentes fluctuations entre les plaques.

Sur les figures 3.8 sont tracés les mêmes profils mais adimensionnés par la vitesse ou par la température de frottement. On remarque de nouveau que les profils des fluctuations deviennent dissymétriques quand ils sont soumis à un fort gradient température (même avec un adimensionnement prenant en compte les propriétés de l'écoulement en proche paroi). Quand on compare les profils des simulations anisothermes 180-2 et 180-5 à celui de la simulation faiblement anisotherme 180-1.01, on voit que les profils obtenus du côté chaud et du côté froid s'éloignent les uns des autres quand le rapport de température augmente. On remarque que les fluctuations du côté froid sont augmentées alors que celles côté chaud sont diminuées.

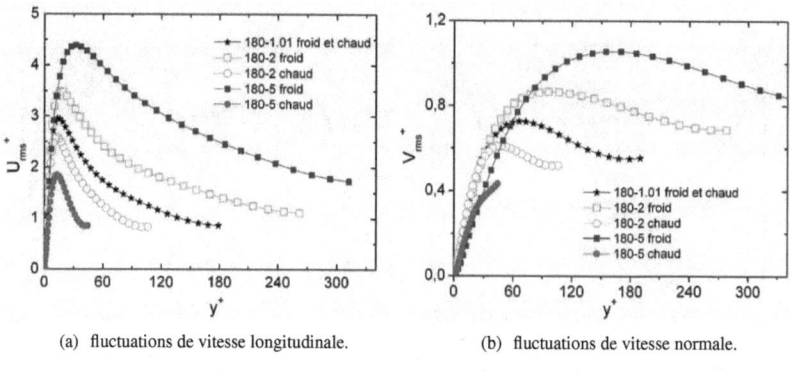

(a) fluctuations de vitesse longitudinale.

(b) fluctuations de vitesse normale.

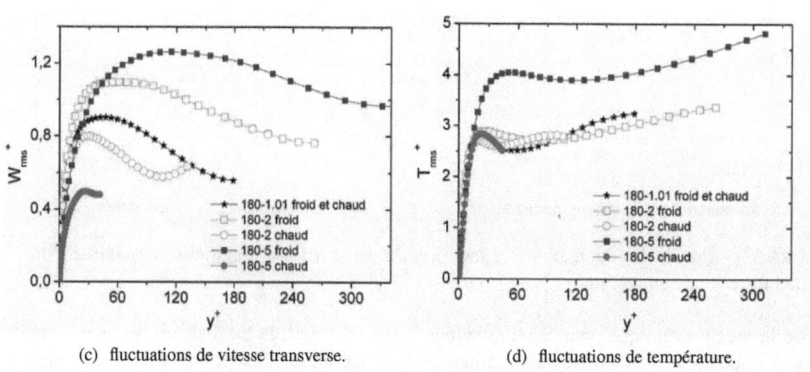

(c) fluctuations de vitesse transverse.

(d) fluctuations de température.

FIGURE 3.8 – Profils des fluctuations adimensionnés par la vitesse U_τ ou par la température T_τ à $Re_{\tau m} = 180$.

3.2.2 Simulations à $Re_{\tau m} = 395$

Nous avons tracé les mêmes profils de fluctuations que précédemment, sur les figures 3.9 et 3.10, mais pour des simulations obtenues à $Re_{\tau m} = 395$.

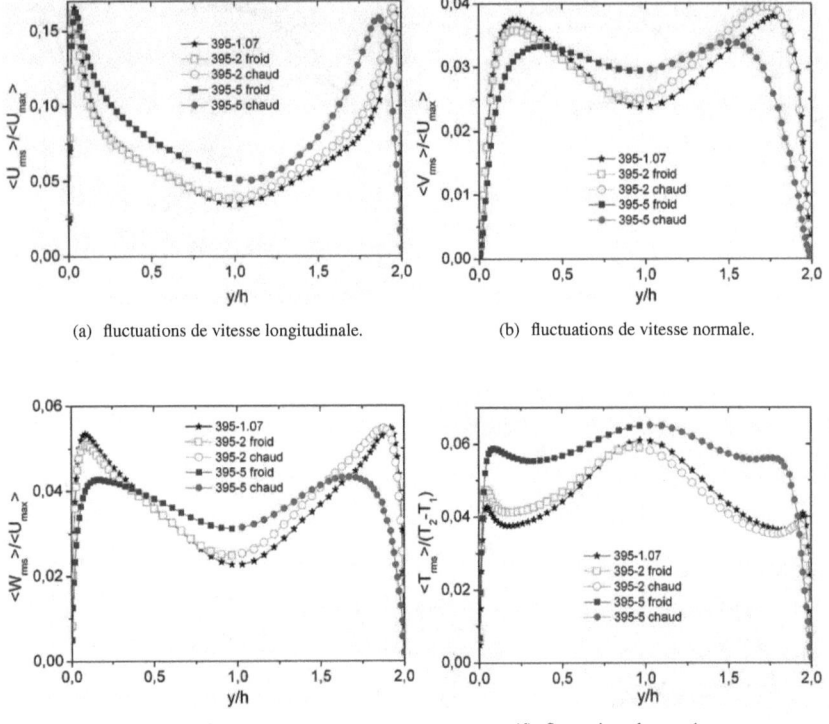

(a) fluctuations de vitesse longitudinale.

(b) fluctuations de vitesse normale.

(c) fluctuations de vitesse transverse.

(d) fluctuations de température.

FIGURE 3.9 – Profils des fluctuations adimensionnés par la vitesse longitudinale maximale ou par la différence de température $(T_2 - T_1)$ à $Re_{\tau m} = 395$.

De la même façon que pour les simulations à $Re_{\tau m} = 180$, la localisation des pics, côté froid, des fluctuations de vitesse longitudinale et de température, n'est pas modifiée par le gradient de température. Du côté chaud, les pics s'éloignent de la paroi. On remarque que sur tous les profils, les fluctuations sont augmentées au centre du canal. De plus, comme l'intensité turbulente est plus importante, les profils obtenus pour la simulation 395-5 ont gardé la même forme générale que pour les autres rapports de température (trois pics pour le profil des fluctuations de température et deux pour les profils des fluctuations de vitesse).

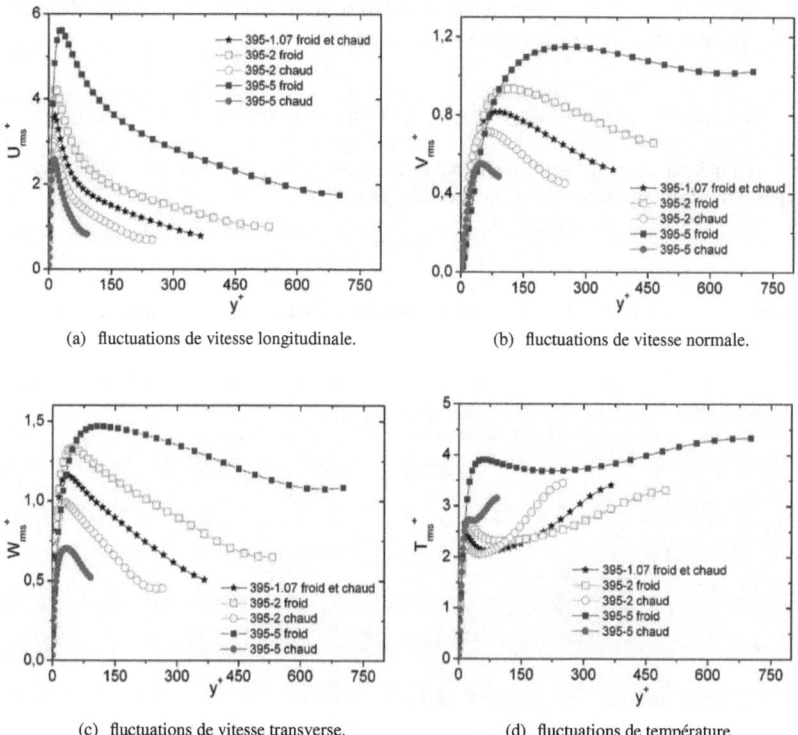

(a) fluctuations de vitesse longitudinale.

(b) fluctuations de vitesse normale.

(c) fluctuations de vitesse transverse.

(d) fluctuations de température.

FIGURE 3.10 – Profils des fluctuations adimensionnés par la vitesse U_τ ou par la température T_τ à $Re_{\tau m} = 395$.

Les profils adimensionnés par les grandeurs de frottement (figures 3.10) ont les mêmes tendances que celles notées dans la partie précédente, c'est à dire une augmentation de la dissymétrie des profils en fonction de l'augmentation du rapport de température. On remarque que l'augmentation de l'intensité turbulente amplifie encore plus cette dissymétrie.

En conclusion, le gradient de température rend tous les profils des fluctuations dissymétriques. Il crée une nouvelle répartition des fluctuations dans le canal. On remarque une augmentation de l'intensité des fluctuations, du côté froid et au centre, et une diminution du côté chaud. La localisation des pics de fluctuations est modifiée par le gradient de température (en particulier du côté chaud). L'augmentation de l'intensité des fluctuations côté froid et de sa diminution côté chaud, sont plus fortes pour une plus grande intensité turbulente. Le décalage des pics de fluctuations par rapport à la paroi est moins marqué quand l'intensité turbulente est forte. L'effet de relaminarisation noté du côté chaud de la simulation 180-5 n'est plus visible pour la simulation 395-5 à cause de l'intensité turbulente.

3.2.3 Impact du gradient de température sur la production d'énergie

Pour compléter l'étude sur les fluctuations de vitesse, nous avons calculé le terme d'échange d'énergie entre les mouvements moyen et fluctuant, donné par :

$$\mathcal{E}_E = <u'v'> \frac{d<u>}{dy} \tag{3.8}$$

Ce terme provient du bilan d'énergie cinétique du mouvement d'agitation. Il représente une production d'énergie cinétique fluctuante (Chassaing (2000)).

Sur les figures 3.11(a) et 3.11(b) sont représentés les termes de production d'énergie pour les deux intensités turbulentes et pour les différents rapports de température. Sur ces figures, le terme de production est adimensionné par la vitesse de frottement au carré.

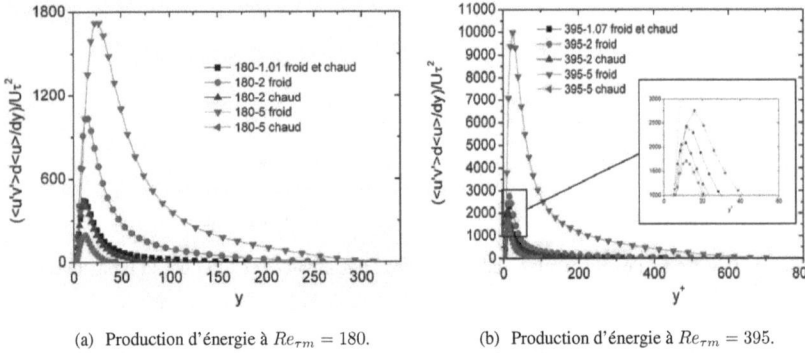

(a) Production d'énergie à $Re_{\tau m} = 180$.   (b) Production d'énergie à $Re_{\tau m} = 395$.

FIGURE 3.11 – Production d'énergie pour les deux intensités turbulentes et pour les trois rapports de température.

On peut noter sur la figure 3.11(a) une dissymétrie des profils. Plus le gradient de température est important, plus la production d'énergie augmente du côté froid et diminue du côté chaud. Sur la figure 3.11(b), le pic de production obtenu du côté froid de la simulation 395-5 est très largement supérieur aux autres pics. Par contre, en zoomant sur les autres pics, on peut voir que l'importance des pics est la même que pour les simulations à $Re_{\tau m} = 180$. La production d'énergie cinétique du mouvement fluctuant, provenant du mouvement moyen, est augmentée du côté froid et diminuée du côté chaud par le gradient de température.

3.3 Influence du gradient de température sur les corrélations doubles

Dans cette partie, nous analyserons l'évolution des profils des corrélations doubles vitesse-vitesse et vitesse-température en fonction du gradient de température. Cette étude est effectuée pour les deux intensités turbulentes et pour les trois rapports de température.

3.3.1 Simulations à $Re_{\tau m} = 180$

On peut voir sur les figures 3.12(a), 3.12(b) et 3.12(c) les profils des corrélations doubles vitesse-vitesse, vitesse longitudinale-température et vitesse normale-température adimensionnés par la vitesse $< U_{max} >$ et/ou par ΔT. Sur ces profils, l'augmentation du gradient de température a pour effet d'éloigner les pics des corrélations des parois chaudes. De manière générale, il n'y a pas beaucoup de différences entre les profils obtenus pour la simulation faiblement anisotherme et pour celle avec un rapport de température de 2. Les différences se voient principalement quand le gradient de température devient important (simulation 180-5). Les différentes corrélations sont faibles près de la paroi chaude pour un fort rapport de température. Les profils commencent à augmenter loin de la paroi chaude par rapport aux profils obtenus pour les rapports de température inférieurs. Du côté froid, les fluctuations de vitesse longitudinale sont moins corrélées avec les fluctuations de vitesse normale quand le gradient de température augmente (figure 3.12(a)). Il en est de même pour la corrélation entre les fluctuations de vitesse normale et celles de température. La corrélation vitesse longitudinale-température ne varie pas beaucoup.

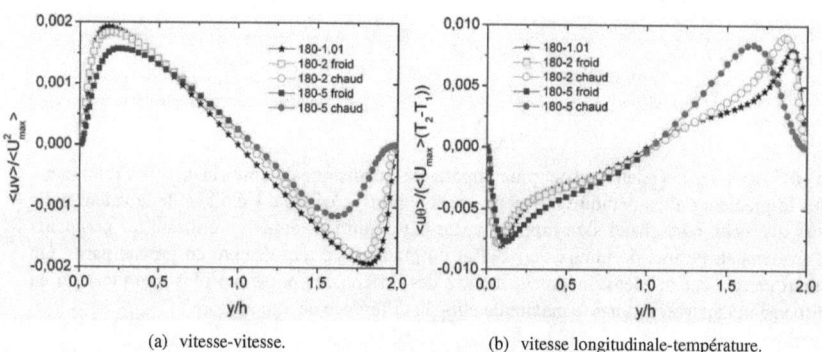

(a) vitesse-vitesse. (b) vitesse longitudinale-température.

Sur les figures 3.13 sont tracés les profils des corrélations doubles vitesse-vitesse et vitesse-température adimensionnés par les valeurs de frottement.

En ce qui concerne les corrélations doubles de vitesse-vitesse et vitesse-température (figures 3.13(a), 3.13(b) et 3.13(c)), elles évoluent toutes de la même façon lorsque le rapport de température augmente. La dissymétrie s'intensifie avec l'augmentation du rapport de température :

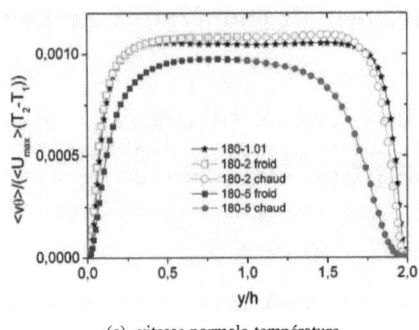

(c) vitesse normale-température.

FIGURE 3.12 – Profils des corrélations doubles adimensionnées par la vitesse maximale et/ou par la différence de température à $Re_{\tau m} = 180$.

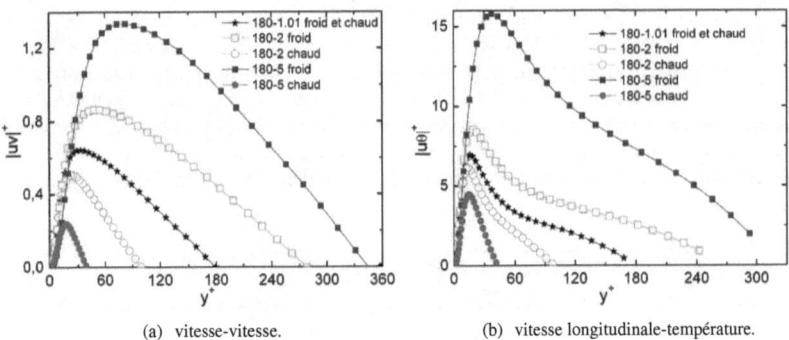

(a) vitesse-vitesse.   (b) vitesse longitudinale-température.

du côté froid, les corrélations sont plus importantes tandis que du côté chaud, elles diminuent. Plus le gradient de température augmente, plus le profil côté froid s'éloigne de la valeur nulle alors que celui côté chaud s'en rapproche. Le fait d'adimensionner en utilisant les grandeurs de frottement, permet de mieux voir l'effet du gradient de température en proche paroi. On remarque que cet adimensionnement montre des différences beaucoup plus marquées qu'en adimensionnant avec la vitesse maximale et/ou la différence de température.

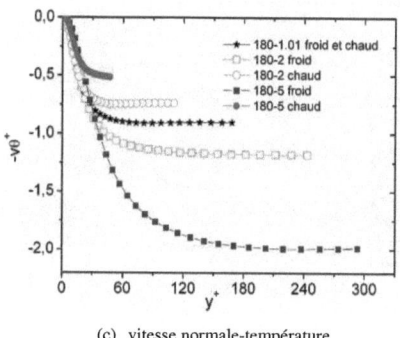

(c) vitesse normale-température.

FIGURE 3.13 – Profils des corrélations doubles adimensionnées par la vitesse de frottement et/ou par la température de frottement à $Re_{\tau m} = 180$.

3.3.2 Simulations à $Re_{\tau m} = 395$

Sur les figures 3.14 et 3.15, sont tracées les mêmes profils que précédemment mais pour une intensité turbulente de $Re_{\tau m} = 395$. En ce qui concerne les profils adimensionnés par la vitesse longitudinale maximale et/ou par le gradient de température (figures 3.14), les pics s'éloignent de la paroi quand le rapport de température augmente, ce qui avait déjà était remarqué pour les simulations à $Re_{\tau m} = 180$. Avec une intensité turbulente importante, l'augmentation du gradient de température augmente les corrélations vitesse-vitesse et vitesse-température. Cet effet n'était pas visible pour les simulations ayant une intensité turbulente de $Re_{\tau m} = 180$. Sur la simulation 180-5, l'effet inverse a été relevé, les corrélations diminuaient à cause de la relaminarisation.

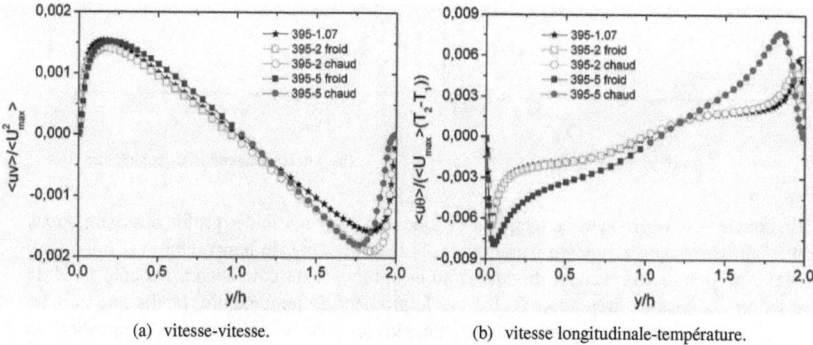

(a) vitesse-vitesse. (b) vitesse longitudinale-température.

Les figures 3.15 représentent les profils adimensionnés par les grandeurs de frottement pour les simulations à $Re_{\tau m} = 395$. Nous pouvons noter que pour les profils des corrélations doubles vitesse-vitesse et vitesse-température, les dissymétries vont dans le même sens que celles notées

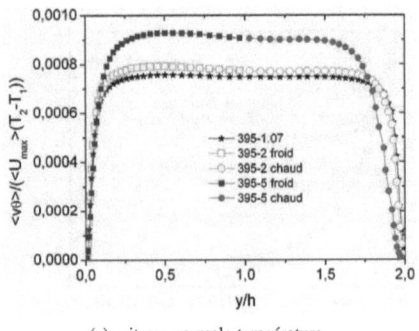

(c) vitesse normale-température.

FIGURE 3.14 – Profils des corrélations doubles adimensionnées par la vitesse maximale et/ou par la différence de température à $Re_{\tau m} = 395$.

pour les profils obtenus à $Re_{\tau m} = 180$. Les profils, côté chaud et côté froid, des simulations 395-1.07, 395-2 et le profil côté chaud de la simulation 395-5, sont tous relativement proches par comparaison au profil côté froid de la simulation 395-5. Plus le gradient de température est important, plus les différentes fluctuations sont corrélées du côté froid du domaine.

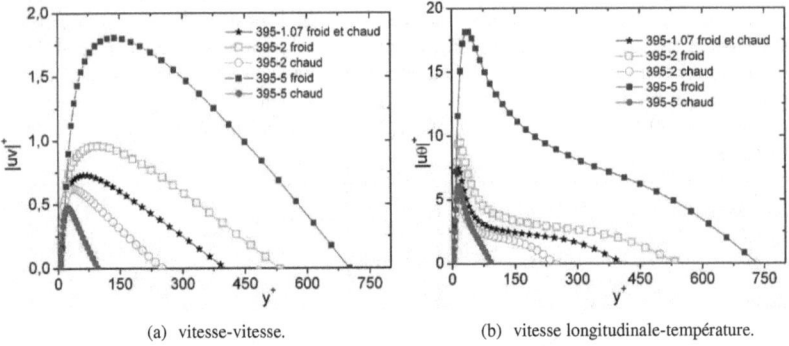

(a) vitesse-vitesse.   (b) vitesse longitudinale-température.

En conclusion, le gradient de température crée une dissymétrie des profils des corrélations doubles vitesse-vitesse et vitesse-température. Plus le gradient de température est important, plus les corrélations augmentent du côté froid et diminuent du côté chaud. Du côté froid, la localisation des pics est très peu affectée par le gradient de température, tandis que du côté chaud, plus le gradient de température augmente, plus les pics des corrélations s'éloignent de la paroi.

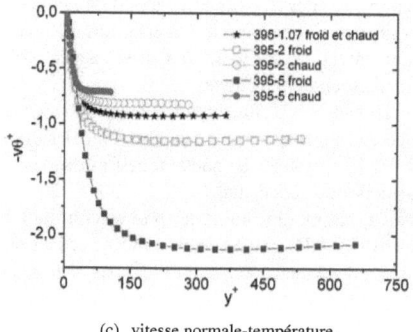

(c) vitesse normale-température.

FIGURE 3.15 – Profils des corrélations doubles adimensionnées par la vitesse de frottement et/ou par la température de frottement à $Re_{\tau m} = 395$.

3.4 Comparaison avec des résultats d'études similaires

Comme nous l'avons déjà vu dans le tableau 2.1, il n'y a pas de données dans la littérature concernant des simulations ayant une intensité turbulente importante pour des écoulements anisothermes. Nous pouvons toutefois comparer certains de nos résultats obtenus à $Re_{\tau m} = 180$ avec la littérature.

La relaminarisation côté chaud ainsi que les dissymétries sur les profils de vitesse et de température moyennes, notées sur nos profils concordent bien avec les observations faites par Wang et al. (1996), Nicoud (1998), Lessani et al. (2006) et Lessani et al. (2007). Dans leurs études en LES allant jusqu'à des rapports de température de 9, Lessani et al. (2006) et Lessani et al. (2007) ont obtenus des profils de température moyenne adimensionnée par ΔT, quasiment linéaire du côté chaud du domaine. Pour un rapport de température de 2, leur profil de température se situe en dessous du profil obtenu pour un rapport de température de 1.01. Dans notre cas, comme dans ceux de Wang et al. (1996), pour une simulation en LES avec un rapport de température de 3, et de Nicoud (1998) en DNS et avec un rapport de température de 2, le profil de température moyenne est décalé vers le haut.

Lessani et al. (2006) et Lessani et al. (2007) tracent les profils des fluctuations de température adimensionnés par ΔT. L'évolution de ces profils en fonction du gradient de température est la même que celle que nous avons notée. Le pic du côté chaud se décale vers le centre jusqu'à se confondre avec celui du milieu du canal.

Nicoud (1998) a tracé les profils des fluctuations de température adimensionnés par la température de frottement. Il n'observe pas exactement les mêmes tendances que nous. Ses résultats montrent qu'à fort gradient de température, les profils des deux côtés du canal sont au dessus de celui obtenu pour un cas faiblement anisotherme. Dans notre étude, avec un fort rapport de température, le profil obtenu du côté chaud est en dessous du profil faiblement anisotherme tandis que celui du côté froid est au dessus. Par contre, il trouve comme nous, que les fluctuations de température du côté froid sont plus importantes que celles du côté chaud.

97

En ce qui concerne les fluctuations de vitesse lorsque le rapport de température augmente, les évolutions notées par Nicoud (1998) sont similaires aux nôtres. Les fluctuations de vitesse sont diminuées du côté chaud et augmentées du côté froid. Il a aussi tracé le profil de la corrélation vitesse-vitesse et a relevé les mêmes tendances que nous.

Lessani *et al.* (2007) comparent leurs profils de fluctuations obtenus pour des rapports de température de 6 et de 9. Ils notent que du côté chaud comme du côté froid, les fluctuations diminuent avec l'augmentation du rapport de température. Ils notent toutefois que les fluctuations du côté froid sont plus importantes que celles du côté chaud.

Wang *et al.* (1996) constatent aussi des modifications des profils à fort ratio mais les tendances ne vont pas toujours dans le même sens. Ils sont les seuls à avoir tracé les corrélations doubles vitesse-température. Cependant, leur adimensionnement n'est pas clairement explicité, ce qui rend la comparaison difficile.

Compte tenu des différences entre toutes ces études, on peut dire que l'influence d'un fort gradient de température sur un écoulement turbulent est difficile à caractériser. Il existe toutefois des points sur lesquels toutes ces études sont en accord :

– les fluctuations du côté froid deviennent plus importantes que celles du côté chaud,
– le côté chaud du domaine a tendance à se relaminariser.

Par ailleurs, les différences notées précédemment peuvent s'expliquer à la fois par l'utilisation de modèles différents mais aussi par des critères de simulations différents :

– Le premier critère est l'intensité turbulente ($Re_{\tau m}$), c'est celui que nous utilisons dans notre étude. Il permet de voir dans l'ensemble du canal, et pour une même turbulence, l'influence d'un gradient de température.
– Le second critère que l'on trouve dans les études de Lessani *et al.* (2006) et Lessani *et al.* (2007), est la force de volume. Cette force représente pour des simulation périodiques le gradient de pression. Dans ce cas on remarque une diminution des différents nombres de Reynolds auquel s'ajoute l'influence du gradient de température.
– Le troisième critère est le nombre de Reynolds Bulk qui est utilisé par Nicoud (1998). Ce nombre représente à la fois la turbulence, d'une façon plus globale que le nombre de Reynolds turbulent, et à la fois le débit global de l'écoulement. C'est en quelque sorte un compromis entre le premier et le second critère de comparaison.

On peut remarquer que, dans Lessani *et al.* (2006) et Lessani *et al.* (2007) qui conserve le gradient de pression, la valeur des différents nombres de Reynolds turbulent est de $180 \pm 13\%$ et que le nombre de Reynolds au centre du canal diminue avec l'augmentation du gradient de température. Wang *et al.* (1996), utilisent une autre méthode. Ils imposent la même valeur pour le nombre de Reynolds au centre du canal en condition initiale pour leurs différentes simulations. Ils remarquent que cette valeur diminue quand le gradient de température augmente.

Il faut aussi porter une attention particulière sur la valeur de la pression thermodynamique, P_{Thermo} dans l'équation de conservation de l'énergie. Cette pression évolue au cours du temps jusqu'à ce que les flux de chaleur aux deux parois soient égaux. Autant, pour la partie dynamique, les conditions initiales n'ont pas d'effet sur les résultats finaux, autant pour la partie thermique, les conditions initiales peuvent avoir un effet sur la pression thermodynamique.

Tout ceci explique pourquoi ces études ne donnent pas exactement les mêmes résultats et pourquoi il est important de faire une étude la plus complète possible avec le même modèle et en se fixant des points précis de comparaison entre les simulations. Dans notre cas, nous conservons le nombre de Reynolds turbulent et nous calculons la pression thermodynamique dans le but de conserver la masse. Les conditions initiales utilisées sont expliquées dans la partie 2.2.3. Dans notre étude, les profils moyens, de fluctuations et de corrélation doubles sont calculés, pour deux intensités turbulentes différentes et pour quatre gradients de température différents.

3.5 Comparaison des simulations anisothermes avec des simulations isothermes froide ou chaude

Jusqu'à présent, nous avons choisi de comparer des simulations obtenues pour un même nombre Reynolds turbulent moyen ($Re_{\tau m}$) égal à 180 ou 395. Ceci nous a permis d'étudier, pour une même intensité turbulente moyenne, l'influence de l'augmentation du gradient de température sur l'écoulement dans l'ensemble du canal. Dans le cas de fort gradient de température, les deux nombres de Reynolds turbulent ($Re_{\tau 1}$ et $Re_{\tau 2}$), obtenus aux parois du domaine, ont des valeurs très éloignées l'une de l'autre et éloignées de la valeur moyenne. Par exemple, pour la simulation 395-2, les valeurs des nombres de Reynolds à chaque paroi sont de $Re_{\tau 1} = 551$ et $Re_{\tau 2} = 241$, pour des propriétés du fluide obtenues à $T_1 = 293\ K$ et $T_2 = 586\ K$. Il est légitime de se demander si l'effet du gradient de température que nous avons noté dans les parties précédentes est uniquement dû à l'effet de la température qui est très différente de chaque côté du domaine. On peut se demander si l'effet de la température sur les propriétés du fluide peut expliquer les phénomènes ou si le couplage entre la turbulence et le gradient température est plus complexe.

Pour répondre à ces questions nous avons réalisé une étude comparant nos simulations anisothermes à des simulations isothermes ayant les mêmes caractéristiques que celles imposées de chaque côté des simulations anisothermes. Ceci nous permet d'étudier l'interaction entre la dynamique et la thermique sur l'écoulement, en comparant des simulations ayant les mêmes caractéristiques, soumises ou non à un gradient de température. Nous avons donc réalisé deux simulations isothermes pour chacune des simulations anisothermes ayant un rapport de température de 2 ou de 5. En reprenant l'exemple de la simulation 395-2, la première simulation, dite isotherme froide, a une température de 293 K et une intensité turbulente de $Re_{\tau m} = Re_{\tau 1} = Re_{\tau 2} = 551$ et la seconde, dite isotherme chaude, a une température de 586 K et une intensité turbulente de $Re_{\tau m} = Re_{\tau 1} = Re_{\tau 2} = 241$ (voir figure 3.16).

Nous avons choisi la convention suivante pour nommer ces simulations : 551=395-2-f, signifie que la simulation est obtenue à $Re_{\tau m} = 551$ et qu'elle représente l'isotherme froide (f) de la simulation 395-2. De la même manière, la simulation 241=395-2-c, est la simulation obtenue à $Re_{\tau m} = 241$ et qui représente l'isotherme chaude (c) de la simulation 395-2. Le tableau 3.1 récapitule les différentes simulations isothermes que nous avons réalisées ainsi que les simulations anisothermes auxquelles elles se rapportent.

$$\boxed{Re_{\tau m} = \frac{Re_{\tau 1} + Re_{\tau 2}}{2}}$$

Pour la simulation 395-2, Re_τ=395 et T_2/T_1=2 :

→ Grandes variations des propriétés du fluide

→ $(Re_{\tau_1} = 551) \gg (Re_{\tau_2} = 241)$

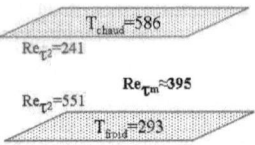

Deux simulations isothermes

- $Re_{\tau m}$=$Re_{\tau 1}$=$Re_{\tau 2}$= 241 avec les propriétés du fluide pour T=586 K

- $Re_{\tau m}$=$Re_{\tau 1}$=$Re_{\tau 2}$= 551 avec les propriétés du fluide pour T=293 K

FIGURE 3.16 – Principe des simulations isothermes chaudes et froides

Nomenclature	$Re_{\tau m}$	Re_b	Température	Simulation anisotherme de référence
262=180-2-f	262	4560	293 K	180-2
106=180-2-c	106	1600	586 K	
551=395-2-f	551	12100	293 K	395-2
241=395-2-c	241	4200	586 K	
312=180-5-f	312	5620	293 K	180-5
44=180-5-c	44	634	1465 K	
690=395-5-f	690	16900	293 K	395-5
100=395-5-c	100	1590	1465 K	

TABLE 3.1 – Simulations isothermes chaude et froide

On peut remarquer que l'isotherme chaude a une intensité turbulente moins importante que l'isotherme froide. On retrouve que le côté chaud de la simulation 180-5 est bien laminaire (le nombre de Reynolds turbulent de son isotherme chaude est de 44 ($Re_b = 634$)).

Dans cette partie, les effets que nous relèverons sont liés aux différences entre les simulations anisothermes et leurs isothermes chaudes et froides.

3.5.1 Simulations anisothermes à $T_2/T_1 = 2$

Nous allons comparer les simulations anisothermes 180-2 et 395-2 avec leurs isothermes. Tous les profils tracés dans cette partie sont adimensionnés à l'aide la vitesse ou de la température de frottement.

Sur les figures 3.17(a), 3.17(b), 3.17(c), 3.17(d) et 3.17(e), sont tracés les profils de vitesse moyenne longitudinale, des fluctuations de vitesse longitudinale, normale et transverse et des corrélations doubles vitesse-vitesse, obtenus pour la simulation 180-2 et pour ses deux isothermes 262=180-2-f et 106=180-2-c.

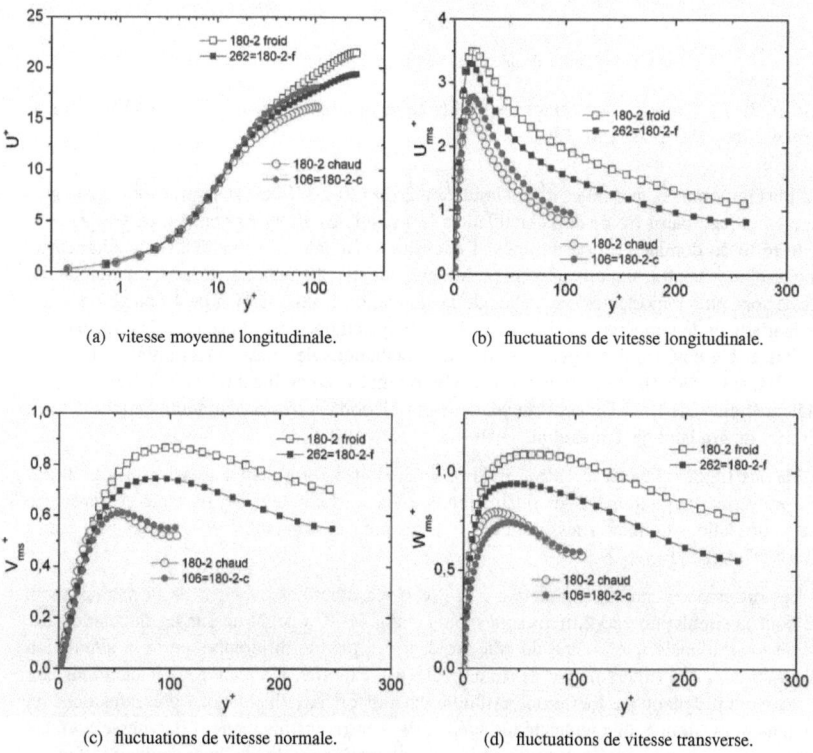

(a) vitesse moyenne longitudinale.

(b) fluctuations de vitesse longitudinale.

(c) fluctuations de vitesse normale.

(d) fluctuations de vitesse transverse.

On peut voir sur la figure 3.17(a) que les profils de la simulation anisotherme sont différents des profils des deux isothermes du côté chaud comme du côté froid. Les différentes fluctuations de vitesse (figures 3.17(b), 3.17(c) et 3.17(d)) évoluent toutes de la même façon. Du côté chaud, pour la simulation 180-2, les profils des fluctuations sont assez proches de ceux de l'isotherme 106=180-2-c. Par contre, du côté froid, les fluctuations de vitesse de la simulation 180-2

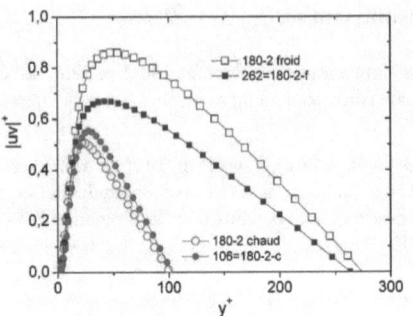

(e) corrélation double vitesse longitudinale-vitesse normale.

FIGURE 3.17 – Comparaisons entre les profils de la simulation anisotherme 180-2 et ces isothermes : 262=180-2-f et 106=180-2-c.

sont plus importantes que celles de la simulation 262=180-2-f. Ceci est surprenant car, si on se place en proche paroi froide de la simulation 180-2, un des effets du gradient de température sur le reste du domaine est de diminuer l'intensité turbulente en réchauffant l'écoulement et donc diminuer les fluctuations de vitesse. Malgré cela, les fluctuations de la simulation anisotherme sont plus importantes que celles de la simulation isotherme. On peut donc en déduire que le gradient de température, via une interaction dynamique-thermique, crée des fluctuations de vitesse. Du côté froid, on peut voir que les fluctuations de vitesse longitudinale sont plus corrélées, avec celles de la vitesse normale, en présence d'un gradient de température que sans gradient (figure 3.17(e)). Du côté chaud, cette corrélation est légèrement moins importante en présence du gradient de température.

Sur les figures 3.18(a), 3.18(b), 3.18(c), 3.18(d) et 3.18(e) sont tracés les profils de vitesse moyenne longitudinale, des fluctuations de vitesse longitudinale, normale et transverse et des corrélations doubles vitesse-vitesse, obtenus pour la simulation 395-2 et ses isothermes 551=395-2-f et 241=395-2-c.

Les différences entre la simulation 395-2 et ses isothermes évoluent de la même façon, que pour la simulation 180-2, mais sont moins marquées. On peut voir sur les fluctuations de vitesse longitudinale que, même du côté froid, il y a peu de différences entre la simulation anisotherme et son isotherme froide (figure 3.18(b)). En effet, la création de fluctuations due à l'interaction dynamique-thermique est faible par rapport aux fluctuations présentes dans un écoulement ayant une telle intensité turbulente. Par contre, les fluctuations de vitesse normale et transverse, moins importantes que celles de vitesse longitudinale, sont toujours affectées (figures 3.18(c) et 3.18(d)). Les corrélations vitesse-vitesse évoluent pourtant de la même façon que pour la simulation 180-2, à savoir, les fluctuations de vitesse en présence d'un gradient de température sont beaucoup plus corrélées du côté froid et moins corrélées du côté chaud, que sans gradient.

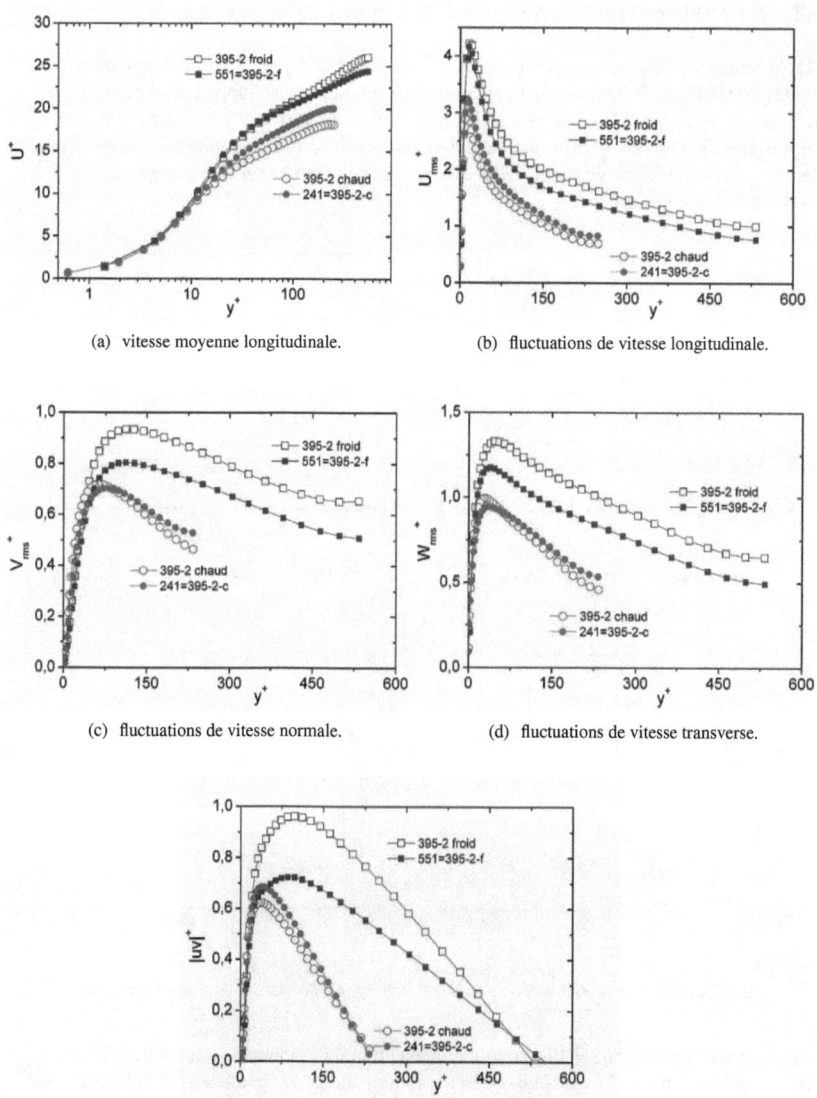

(a) vitesse moyenne longitudinale.

(b) fluctuations de vitesse longitudinale.

(c) fluctuations de vitesse normale.

(d) fluctuations de vitesse transverse.

(e) corrélation double vitesse longitudinale-vitesse normale.

FIGURE 3.18 – Comparaisons entre les profils de la simulation anisotherme 395-2 et ces iso-thermes : 551=395-2-f et 241=395-2-c.

3.5.2 Simulations anisothermes à $T_2/T_1 = 5$

Dans cette partie, nous allons comparer les simulations 180-5 et 395-5 avec leurs isothermes. Pour ces simulations, le rapport de température est augmenté par rapport à la partie précédente. Sur les figures 3.19(a), 3.19(b), 3.19(c), 3.19(d) et 3.19(e) sont tracés les profils de vitesse moyenne longitudinale, des fluctuations de vitesse longitudinale, normale et transverse et des corrélations doubles vitesse-vitesse, obtenus pour la simulation 180-5 et ses isothermes 312=180-5-f et 44=180-5-c.

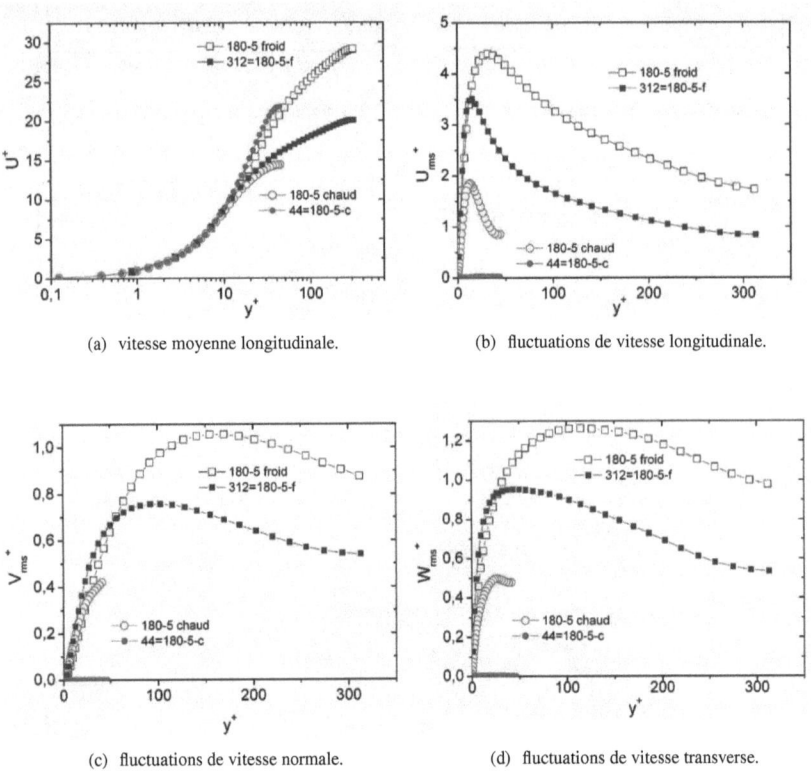

(a) vitesse moyenne longitudinale.

(b) fluctuations de vitesse longitudinale.

(c) fluctuations de vitesse normale.

(d) fluctuations de vitesse transverse.

On peut voir sur la figure 3.19(a) que l'augmentation du gradient de température intensifie l'écart entre les profils de la vitesse moyenne longitudinale de la simulation anisotherme et de ses deux isothermes. Pour les fluctuations de vitesse (figures 3.19(b), 3.19(c) et 3.19(d)), du côté froid, les tendances sont les mêmes que celles notées pour le rapport de température de 2, à savoir, les fluctuations de vitesse de la simulation anisotherme sont plus importantes que celles de l'isotherme froide. Les fluctuations de la simulation 44=180-5-c sont nulles, ce qui est

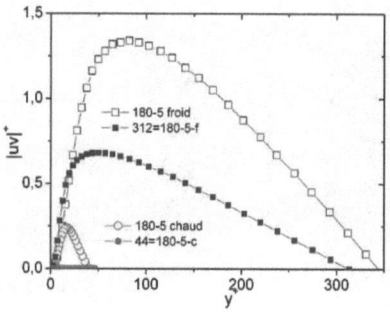

(e) corrélation double vitesse longitudinale-vitesse normale.

FIGURE 3.19 – Comparaisons entre les profils de la simulation anisotherme 180-5 et ces isothermes : 312=180-5-f et 44=180-5-c.

normal pour un écoulement laminaire. Par contre, du côté chaud de la simulation anisotherme 180-5, il y a des fluctuations de vitesse. L'effet de relaminarisation, relevé pour cette simulation, n'a pas supprimé toutes les fluctuations. On peut donc dire que du côté chaud, comme du côté froid, il y a une création de fluctuations de vitesse due à une interaction dynamique thermique. Du côté chaud, il y a donc deux effets antagonistes créés par le gradient de température. Une relaminarisation, due à la diminution du nombre Reynolds local (augmentation de la viscosité cinématique à cause de la valeur de la température à la paroi), et une création de fluctuations de vitesse que l'on peut attribuer à une interaction entre le champ turbulent dynamique et la turbulence thermique.

La corrélation vitesse-vitesse pour la simulation anisotherme est beaucoup plus importante du côté froid que pour la simulation isotherme. On peut aussi relever que les fluctuations de vitesse sont corrélées du côté chaud de la simulation anisotherme alors que pour la simulation isotherme, elles ne le sont pas.

Sur les figures 3.20(a), 3.20(b), 3.20(c), 3.20(d) et 3.20(e) sont tracés les profils de vitesse moyenne longitudinale, des fluctuations de vitesse longitudinale, normale et transverse et des corrélations doubles vitesse-vitesse, obtenus pour la simulation 395-5 et ses isothermes 690=395-5-f et 100=395-5-c.

Pour la simulation 395-5, on retrouve ce qui a été écrit pour la simulation 180-2 : du côté chaud, peu de différences visibles entre la simulation anisotherme et son isotherme chaude et, du côté froid, les fluctuations de la simulation anisotherme sont plus importantes que celles de l'isotherme froide. On remarque aussi, sur le profil de corrélation vitesse-vitesse, une très forte corrélation du côté froid de la simulation anisotherme par rapport aux deux isothermes ou à la corrélation que l'on retrouve du côté chaud. La création de fluctuations due à l'interaction entre la dynamique et la thermique est là encore visible sur tous les profils.

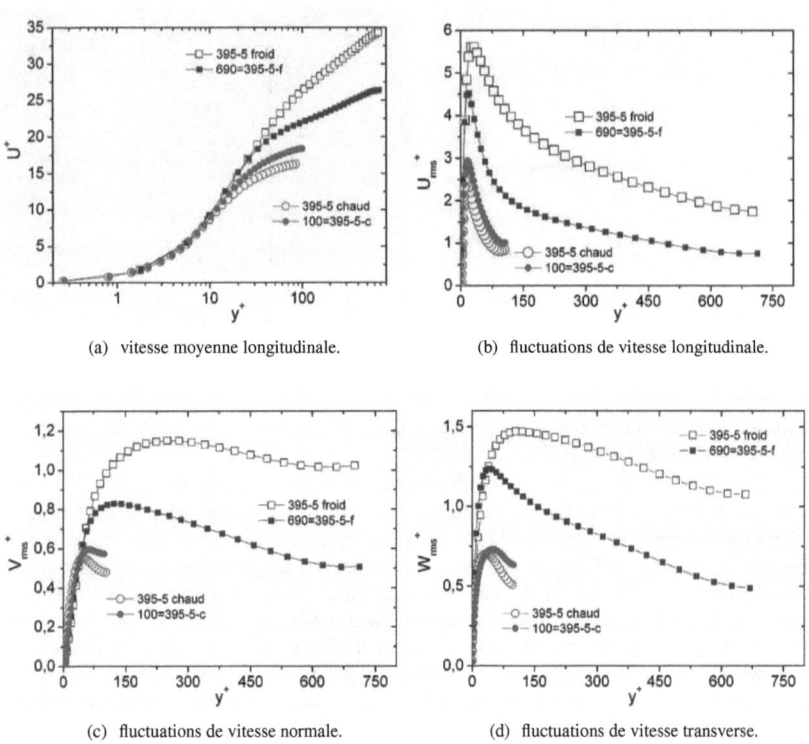

(a) vitesse moyenne longitudinale.

(b) fluctuations de vitesse longitudinale.

(c) fluctuations de vitesse normale.

(d) fluctuations de vitesse transverse.

La comparaison des résultats entre la simulation 180-2 et la simulation 395-5, montre qu'il est nécessaire d'avoir un plus grand gradient de température quand on a plus d'intensité turbulente pour avoir le même effet visible dû à l'interaction dynamique-thermique. L'augmentation de l'intensité turbulente diminue l'effet visible de l'interaction dynamique-thermique alors que l'augmentation du rapport de température l'augmente. On voit en comparant les simulations 395-2 et 395-5 avec leurs isothermes, que pour une même intensité turbulente, si on augmente uniquement le gradient de température, l'influence de l'interaction dynamique-thermique sera plus importante (plus grandes différences entre la simulation 395-5 et ses isothermes qu'entre la simulation 395-2 et ses isothermes). À l'inverse, en comparant les simulations 180-5 et 395-5 avec leurs isothermes, on peut voir que sans modifier le gradient de température mais en augmentant l'intensité turbulente, les différences dues à des interactions dynamique-thermiques sont fortement atténuées.

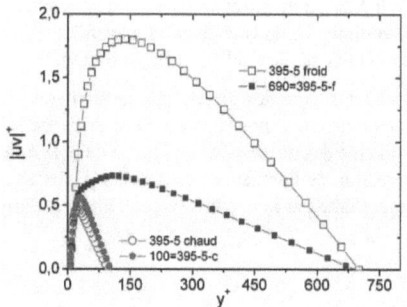

(e) corrélation double vitesse longitudinale-vitesse normale.

FIGURE 3.20 – Comparaisons entre les profils de la simulation anisotherme 395-5 et ces isothermes : 690=395-5-f et 100=395-5-c.

En conclusion, cette étude a permis de mettre en évidence deux effets dus au gradient de température. Le premier est dû à l'effet de la température sur la viscosité cinématique, qui diminue le nombre de Reynolds local, et le second est dû à des interactions entre la dynamique et la thermique. Le gradient de température, via les interactions dynamique-thermique, crée des fluctuations de vitesse du côté froid et du côté chaud. L'augmentation du gradient de température augmente ces interactions alors que l'augmentation de l'intensité turbulente les diminue.

3.6 Conclusions sur l'influence d'un gradient de température sur un écoulement turbulent dans l'espace physique

Dans ce chapitre, nous avons pu voir que le fait d'imposer un gradient de température assez important sur un écoulement turbulent modifie toutes les grandeurs de l'écoulement. En effet, les profils de vitesse et température moyenne, les profils des fluctuations de vitesse et de température ainsi que les profils des corrélations doubles vitesse-vitesse et vitesse-température sont tous affectés par le gradient de température. Tous ces profils, habituellement symétriques dans un canal plan turbulent isotherme, ne le sont plus en présence d'un gradient de température. Nous avons vu que, plus le gradient de température est important, plus les différences entre la partie chaude et la partie froide du canal sont importantes. L'augmentation de l'intensité turbulente intensifie cette dissymétrie.

En accord avec la littérature, nous avons noté un effet de relaminarisation du côté chaud du domaine. Nous avons aussi montré que pour un écoulement laminaire, l'évolution du profil de vitesse moyenne, soumis à un fort gradient de température, est différente de celle notée pour un écoulement turbulent.

En ce qui concerne les fluctuations, nous avons remarqué qu'elles sont augmentées du côté froid et diminuées du côté chaud quand le gradient de température augmente. Ceci est confirmé par le fait que la production de d'énergie fluctuante provenant de l'écoulement moyen est elle aussi, augmentée du côté froid et diminuée du côté chaud. La localisation des pics des fluctuations côté chaud est fortement modifiée par le gradient de température.

En comparant les profils obtenus pour les simulations anisothermes à des simulations isothermes ayant les mêmes caractéristiques, nous avons mis en évidence une interaction entre la dynamique et la thermique qui crée des fluctuations de vitesse du côté froid et du côté chaud. Du côté froid, seul l'effet de création de fluctuations est présent. Du côté chaud du domaine, cette création de fluctuations est réduite par la relaminarisation due à la diminution du nombre de Reynolds local.

En conclusion, l'effet du gradient de température sur l'écoulement turbulent peut donc se décomposer en deux effets différents :
– un effet dû à la température de paroi sur la viscosité cinématique qui se répercute sur le nombre de Reynolds local,
– un effet dû à l'interaction turbulente entre la dynamique et la thermique.
Ces deux effets additionnés représentent l'influence du gradient de température sur l'écoulement turbulent. Leurs influences sont antagonistes du côté chaud du domaine.

Afin de compléter les travaux sur l'effet du gradient de température, nous allons maintenant effectuer une étude dans l'espace spectral.

Chapitre 4

Influence du gradient de température - Espace spectral

> Big whirls have little whirls,
> that feed on their velocity;
> and little whirls have lesser whirls,
> and so on viscosity.

C'est dans ces rimes, de L. F. Richardson, que réside la première idée du transfert d'énergie turbulente. Les écoulements turbulents ont des structures de tailles différentes dont l'énergie est transférée des grosses structures vers les petites structures jusqu'à ce quelle soit dissipée par la viscosité moléculaire. A. Kolmogorov (1903-1987), en se basant sur cette idée, est à l'origine de la théorie de la turbulence aux petites échelles, que l'on appelle encore, équilibre universel des structures fines. Cette théorie utilise comme hypothèse que, pour les nombres de Reynolds suffisamment importants, les structures de petites tailles (petites échelles) de la turbulence sont statistiquement stables, isotropiques et indépendantes de la taille des grosses structures (grandes échelles) de la turbulence.

4.1 Principe général

Dans le chapitre précédent, nous avons étudié les phénomènes dans l'espace physique. Dans ce chapitre, nous allons nous placer dans l'espace spectral car certaines propriétés de la turbulence, en particulier l'identification des tourbillons et de leur énergie, s'y expriment plus aisément. Il est possible de calculer l'énergie cinétique turbulente liée à la corrélation double de fluctuations de vitesse, par transformée de Fourier, de la façon suivante :

$$E_{ij}(k) = \frac{1}{(2\pi)^3} \int_{-\infty}^{+\infty} < u_i'(x,t) u_j'(x+r,t) > e^{-ik.r} dr \qquad (4.1)$$

où k est le vecteur nombre d'onde. Ce spectre d'énergie cinétique turbulente représente la répartition de l'énergie des tourbillons en fonction de leurs tailles.

Afin d'accéder à la connaissance de l'énergie cinétique turbulente tridimensionnelle $E_{ij}(k)$, Il faut connaître toutes les corrélations $< u_i'(x,t)u_j'(x+r,t) >$ dans les trois directions et effectuer ensuite une transformée de Fourier. Ceci est délicat entre autres à cause de la présence des parois et par le fait que le maillage soit anisotrope dans la direction y. C'est pourquoi, nous étudierons les spectres unidirectionnels longitudinaux :

$$E_{ij}^{(1)}(k_1) = \frac{1}{2\pi} \int_{-\infty}^{+\infty} < u_i'(x)u_j'(x+r) > e^{-ik_1r_1} dr_1 \qquad (4.2)$$

Le repère de base dans l'espace de Fourier est orthonormé et direct, avec k_1 correspondant à x_1. Nous étudierons plus particulièrement le spectre d'énergie cinétique turbulente $E_{11}^{(1)}(k_1)$ qui représente le tenseur $\widetilde{u'u'}$ dans le sens de l'écoulement.

Lorsque le nombre de Reynolds turbulent est très grand, les petits nombres d'onde associés aux tourbillons qui contiennent l'énergie sont largement séparés des grands nombres d'ondes associés aux tourbillons qui dissipent cette énergie. Dans ces conditions, il existe une zone, dite zone inertielle, pour laquelle aucune dissipation moléculaire n'apparaît. Les structures de cette zone ne font que transférer l'énergie cinétique à dissiper des grosses structures vers les plus petites structures. On peut alors chercher, à un facteur constant près, une expression du spectre de la forme $E \propto \epsilon^\alpha k_{cin}^\beta$, où ϵ est le taux dissipation de k_{cin} qui représente l'énergie cinétique. La seule combinaison dimensionnellement acceptable pour les exposants α et β est alors : $\alpha = 2/3$ et $\beta = -5/3$, d'où :

$$E(k) = C_k \epsilon^{2/3} k_{cin}^{-5/3} \qquad (4.3)$$

On doit à Kolmogorov ce résultat, où $C_k = 1.44 \pm 0.06$ est la constante de Kolmogorov. Cette loi est très bien retrouvée par l'expérience. La figure 4.1 obtenue à partir des données de Chapman (1979) et Saddoughi et Veeravalli (1994) synthétise de nombreuses expériences de la littérature ainsi que le modèle de spectre de Pao (1965). Sur cette figure sont tracés des spectres unidirectionnels $E_{11}^{(1)}$ sans dimension.

En faisant appel à la quasi isotropie des structures fines et en utilisant la relation :

$$E_{11}^{(1)}(k1) = \frac{1}{2} \int_{k_1}^{\infty} \frac{E(k)}{k} \left(1 - \frac{k_1^2}{k^2}\right) dk \qquad (4.4)$$

on peut facilement montrer que, même si les structures contenant l'énergie sont anisotropes, si $E(k) \propto k^{-5/3}$ alors $E_{11}^{(1)}(k_1) \propto k^{-5/3}$. Dans cette figure, l'abscisse est adimensionnée par le nombre d'onde de Kolmogorov k_η défini par :

$$k_\eta = \nu^{-3/4} \epsilon^{1/4} \qquad (4.5)$$

Application à notre étude

Pour réaliser notre étude, nous avons placé cinq sondes dans la direction de l'écoulement, x, pour cinq hauteurs en y, différentes. Ceci nous permet de visualiser l'énergie turbulente dans

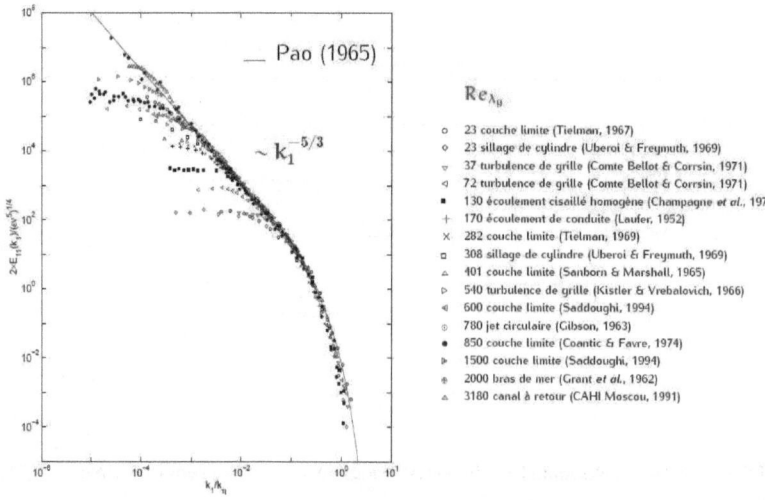

FIGURE 4.1 – Équilibre universel des spectres pour les structures fines. On représente le spectre unidirectionnel sans dimension. *Image tirée du cours du Pr Bailly de l'école centrale de Lyon :* http ://acoustique.ec-lyon.fr

la direction d'homogénéité à travers notre domaine. Sur le graphe 4.2 est représenté schématiquement la position de ces sondes. Il est important de noter que ces sondes doivent être placées à une distance suffisamment éloignée de la paroi afin d'obtenir une turbulence suffisamment isotrope et retrouver le spectre de Kolmogorov. Nous rappelons que les spectres étudiés sont unidirectionnels et monodimensionnels. Les deux sondes les plus éloignées du centre du canal (1/5 et 5/5), sont situées au pic des fluctuations de vitesse longitudinale. Une sonde est située au centre du canal (3/5) et les deux dernières sont placées à égale distance entre le centre du canal et les parois (2/5 et 4/5). Afin de simplifier les notations, nous omettrons d'indiquer l'unidirectionnalité du nombre d'onde k_1 correspondant à x_1 et nous le noterons k.

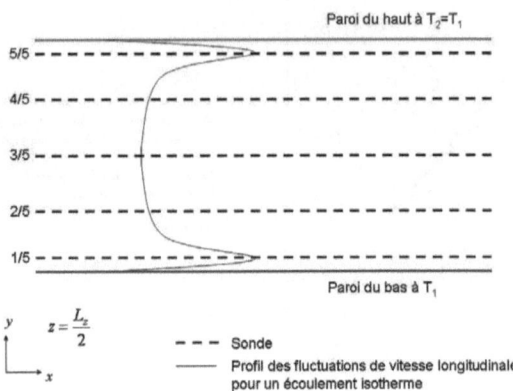

FIGURE 4.2 – Localisation des différentes sondes pour un écoulement isotherme.

4.2 Spectres unidirectionnels d'énergie cinétique turbulente des simulations isothermes

Nous avons, dans un premier temps, tracé les spectres unidirectionnels des deux simulations isothermes pour les deux valeurs du nombre de Reynolds turbulent que nous étudions ($Re_{\tau m} = 180$ et $Re_{\tau m} = 395$). Le but de ces tracés est de voir si l'on retrouve bien la pente en $k^{-5/3}$ pour les simulations isothermes. Tout comme pour les différents profils tracés dans le chapitre 3, on remarque que les spectres du côté haut et ceux du côté bas sont identiques pour les simulations isothermes.

On peut voir sur les figures 4.3(a) et 4.3(b), les spectres obtenus pour les différentes sondes placés dans le domaine.

Le premier constat que l'on peut faire grâce à ces tracés est que l'on retrouve bien une zone inertielle qui suit une pente en $k^{-5/3}$ sur tous les spectres de nos simulations isothermes. Les spectres obtenus avec les sondes placées aux pics des fluctuations de vitesse, ont plus d'énergie que ceux placés plus au centre du canal. Ceci se comprend assez bien car ces sondes sont situées au pic des fluctuations de vitesse longitudinale, donc à l'endroit le plus turbulent. On remarque aussi que la zone inertielle des spectres situés en proche paroi est beaucoup plus marquée que pour les autres. En comparant les spectres de la simulation 180-1 (figure 4.3(a)) et de la simulation 395-1 (figure 4.3(b)), on peut voir que la simulation ayant l'intensité turbulente la plus importante a une zone inertielle et une énergie plus importantes.

Moser *et al.* (1999) donnent accès à une base de données de DNS sur laquelle on peut, obtenir les spectres d'énergie cinétique, adimensionnés par la vitesse de frottement (U_τ), pour des écoulements turbulents en canal plan isotherme et pour des valeurs de nombre de Reynolds

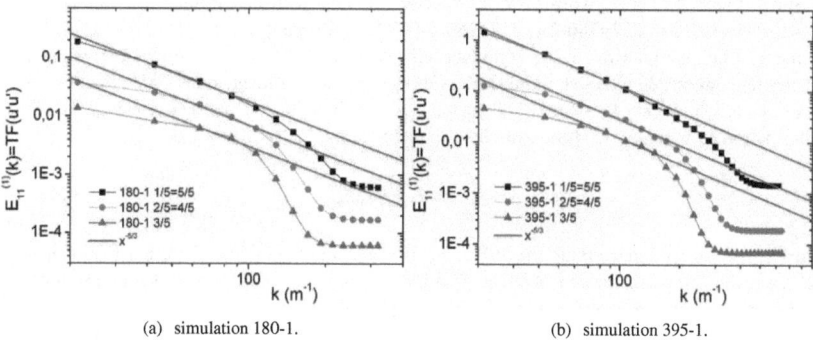

(a) simulation 180-1.   (b) simulation 395-1.

FIGURE 4.3 – Spectres d'énergie cinétique turbulente.

turbulent de 180 et de 395. Sur les figures 4.4, nous comparons nos spectres avec les leurs. Moser *et al.* (1999) ont placé des sondes à plusieurs hauteurs de canal, mais aucune correspondant à celles que l'on a placé au pic des fluctuations de vitesse (sondes 1/5 et 5/5) pour la simulation 395-1. Nous n'avons donc pas de données pour comparer ces spectres. Les spectres disponibles dans cette base de données sont adimensionnés par la vitesse de frottement. Dans la suite de notre étude, nous avons préféré représenter les spectres adimensionnés par la vitesse de frottement au carré.

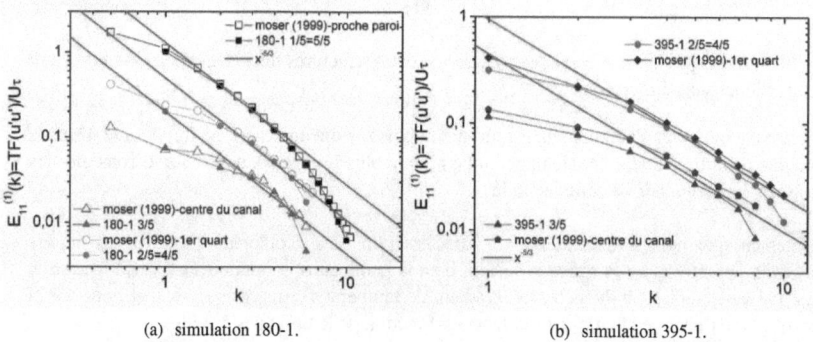

(a) simulation 180-1.   (b) simulation 395-1.

FIGURE 4.4 – Spectres d'énergie cinétique turbulente comparés à ceux obtenus par Moser *et al.* (1999) en DNS .

On peut voir sur ces figures, pour la simulation 180-1 (figure 4.4(a) comme pour la simulation 395-1 (figure 4.4(b), que les spectres que nous obtenons se superposent quasiment à ceux obtenus par Moser *et al.* (1999). On observe une légère différence pour la simulation 395-1, qui concorde avec celle notée sur les profils tracés dans la partie 2.3.

Sur la figure 4.5, nous avons tracé les spectres obtenus pour nos simulations isothermes (180-1, 241=395-2-c, 262=180-2-f, 312=180-5-f, 395-1, 551=395-2-f et 691=395-5-f), suffisamment turbulente pour avoir une zone inertielle visible, en utilisant les sondes placées aux pics des fluctuations de vitesse longitudinale. Ces spectres sont adimensionnés de la même manière que ceux tracés sur la figure 4.1. Pour réaliser cet adimensionnement, nous avons calculé la dissipation en fonction du spectre unidirectionnel :

$$\epsilon = 30\nu \int_0^\infty k^2 E_{11}^{(1)}(k)dk \tag{4.6}$$

Cette expression est donnée pour une turbulence isotrope incompressible. Dans notre domaine, l'écoulement n'est pas isotrope mais on peut voir que les résultats sont tout de même très bons. Les différents profils se superposent bien.

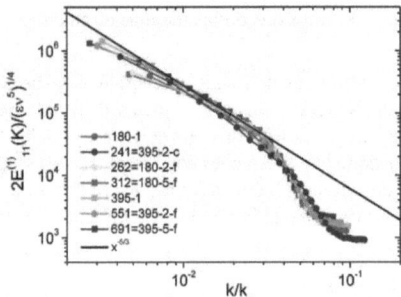

FIGURE 4.5 – Équilibre universel des spectres pour les structures fines. On représente le spectre unidirectionel sans dimension.

On retrouve que, plus l'écoulement est turbulent, plus sa zone inertielle est importante. Dans la poursuite de notre étude, l'écoulement étudié n'étant plus isotherme, nous ne tracerons plus les spectres adimensionnés de cette façon là.

Maintenant que nous avons validé nos spectres pour des écoulements isothermes et que nous avons montré que ces spectres suivent bien la pente en $k^{-5/3}$ annoncée par Kolmogorov, nous pouvons étudier l'influence d'un gradient de température sur ces spectres, et donc sur la répartition de l'énergie cinétique turbulente en fonction de la taille des échelles.

4.3   Influence du gradient de température sur les spectres unidirectionnels d'énergie cinétique turbulente.

Dans cette partie, nous avons tracé les spectres d'énergie cinétique pour les simulations anisothermes 180-2, 395-2, 180-5 et 395-5.

Nous venons de voir que les spectres ayant une zone inertielle la plus marquée sont ceux placés aux pics des fluctuations de vitesse longitudinale. Nous avons déjà vu dans la partie 3.2 que pour les simulations anisothermes, les positions des pics de fluctuations, en particulier du côté chaud, étaient modifiées par le gradient de température. La question de la localisation des sondes pour ces simulations se pose donc. Devons-nous garder inchangée la position de la sonde par rapport aux simulations isothermes afin d'étudier localement l'effet du gradient de température sur les spectres d'énergie, ou alors, devons nous déplacer la sonde au pic de fluctuations quand celui-ci s'est déplacé ?

Nous avons choisi la deuxième option, c'est à dire, pour chaque simulation, placer la sonde au pic des fluctuations de vitesse longitudinale. Nous avons fait ce choix afin d'étudier l'effet du gradient de température sur les spectres d'énergie en gardant le même critère pour chaque simulation : le maximum d'énergie. Le positionnement de la sonde n'est pas modifié du côté froid pour les simulations anisotherme. Par contre, du côté chaud, en fonction de l'intensité turbulente et du gradient de température, la sonde s'éloigne de la paroi (voir figure 4.6).

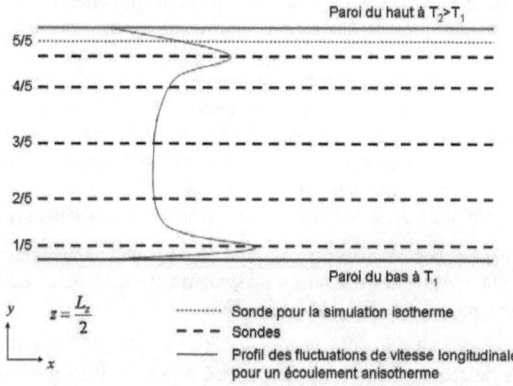

FIGURE 4.6 – Localisation des différentes sondes pour un écoulement anisotherme.

4.3.1 Comparaisons des spectres unidirectionnels d'énergie cinétique turbulente.

Sur les figures 4.7(a) et 4.7(b), sont tracés les spectres obtenus à l'aide des différentes sondes pour les simulations à $Re_{\tau m} = 180$ et $Re_{\tau m} = 395$ pour un rapport de température de 2.

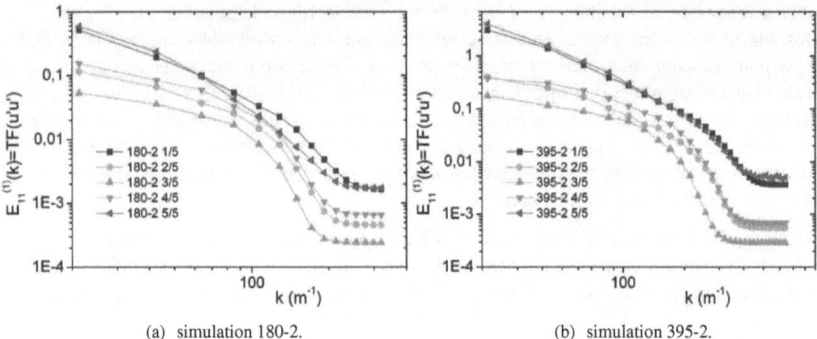

(a) simulation 180-2.   (b) simulation 395-2.

FIGURE 4.7 – Spectres d'énergie cinétique turbulente pour un rapport de température de 2 .

Le premier constat que l'on peut faire est que la dissymétrie, déjà notée dans le chapitre 3, est aussi présente sur les spectres d'énergie cinétique turbulente. En effet, les spectres obtenus par les sondes 1/5 et 5/5 aux pics de fluctuations, tout comme ceux obtenus par les sondes 2/5 et 4/5, ne se superposent plus. On retrouve que l'énergie des spectres obtenus grâce aux sondes placées aux pics de fluctuations est plus importante que celle des spectres obtenus plus au centre du domaine. Les spectres obtenus par les sondes 1/5 et 5/5, ont une zone inertielle plus grande. On retrouve aussi que, du côté chaud comme du côté froid, l'énergie des spectres des simulations à $Re_{\tau m} = 395$ est plus importante que celle des spectres des simulations à $Re_{\tau m} = 180$. On peut remarquer que leurs pentes ne sont plus les mêmes. La répartition de l'énergie, en fonction de la taille des échelles n'est pas la même du côté chaud et du côté froid.

Si on regarde les mêmes spectres mais obtenus pour un rapport de température de 5 (figures 4.8(a) et 4.8(b)), on peut voir que les tendances, dissymétrie et modification de la pente, sont amplifiées par l'augmentation du gradient de température.

En particulier pour le spectre obtenu côté chaud pour la simulation 180-5, qui a une énergie bien inférieure à celle du spectre côté froid. Ceci est dû à la relaminarisation du côté chaud qui implique peu d'énergie turbulente. La répartition de l'énergie en fonction de la taille des tourbillons est, elle aussi, très fortement modifiée.

On peut remarquer, en comparant les simulations 180-2 et 395-5, que l'évolution de leurs spectres est semblable. L'énergie du spectre placé au centre est la moins importante. Les spectres placés côté chaud et côté froid montrent une énergie identique pour les grandes échelles mais qui diminue plus vite du côté chaud pour les plus petites échelles.

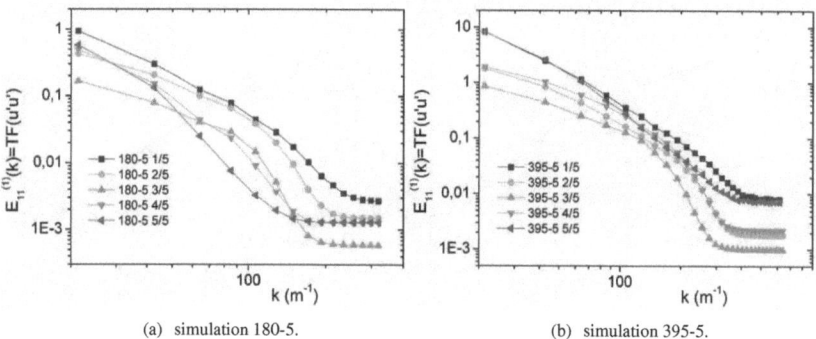

(a) simulation 180-5. (b) simulation 395-5.

FIGURE 4.8 – Spectres d'énergie cinétique turbulente pour un rapport de température de 5 .

Dans les annexes A et B sont tracés les spectres d'énergie cinétique turbulente obtenus pour les corrélations de vitesse normale et pour les corrélations de vitesse normale-vitesse longitudinale. Ces spectres sont obtenus pour les deux intensités turbulentes et pour les trois rapports de température avec les mêmes sondes que celles utilisées pour cette étude.

4.3.2 Comparaisons des spectres d'énergie cinétique turbulente pour les différents gradients de température

Sur les figures 4.9(a) et 4.9(b), sont comparés les spectres obtenus au pics des fluctuations de vitesse longitudinale (1/5 et 5/5), pour les différents rapport de température et pour les deux intensités turbulentes. Nous ne représenterons pas les trois autres spectres dans cette étude pour plus de clarté et parce que les spectres obtenus au pic des fluctuations de vitesse sont ceux ayant le plus d'énergie. Ces spectres sont éloignés l'un de l'autre, ce qui permet de voir l'effet du gradient de température. Pour comparer ces spectres entre eux alors qu'ils ne sont pas obtenus avec les mêmes turbulences de paroi, nous les avons adimensionnés par la vitesse de frottement au carré.

Sur ces figures, on retrouve la même tendance que pour les fluctuations de vitesse dans l'espace physique, à savoir que plus le gradient de température est important, plus l'énergie est augmentée du côté froid et diminuée du côté chaud. Toutefois, une nouvelle information est visible sur ces spectres. Nous avons vu dans la partie 4.2 que les spectres des simulations isothermes suivent une pente en $k^{-5/3}$, comme prévue par Kolmogorov. En comparant les simulations anisothermes aux simulations isothermes, on peut voir une modification de la pente pour les spectres anisothermes. On voit, du côté chaud comme du côté froid, que plus le gradient de température est important, plus la pente est importante. Dans le tableau 4.1 sont notées les différentes pentes en fonction de l'intensité turbulente et du rapport de température.

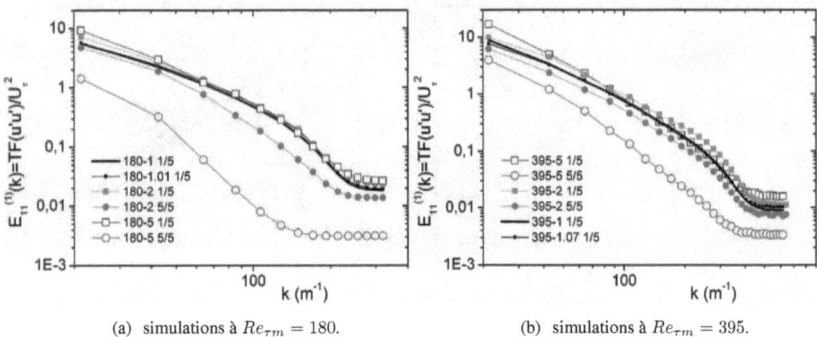

(a) simulations à $Re_{\tau m} = 180$.

(b) simulations à $Re_{\tau m} = 395$.

FIGURE 4.9 – Spectres d'énergie cinétique turbulente pour les différents rapports de température.

$Re_{\tau m} = 180$		$k^{-\alpha}$	$Re_{\tau m} = 395$		$k^{-\alpha}$
$T_2/T_1 = 1$		$\alpha = 5/3$	$T_2/T_1 = 1$		$\alpha = 5/3$
$T_2/T_1 = 1,01$		$\alpha = 5/3$	$T_2/T_1 = 1,07$		$\alpha = 5/3$
$T_2/T_1 = 2$	chaud (5/5)	NC	$T_2/T_1 = 2$	chaud (5/5)	$\alpha \approx 7/3$
	froid (1/5)	$\alpha \approx 7/3$		froid (1/5)	$\alpha \approx 5/3$
$T_2/T_1 = 5$	chaud (5/5)	NC	$T_2/T_1 = 5$	chaud (5/5)	NC
	froid (1/5)	$\alpha \approx 7/3$		froid (1/5)	$\alpha \approx 7/3$

TABLE 4.1 – Pentes pour chaque spectre placé au pic des fluctuations de vitesse longitudinale.

On remarque que les spectres des simulations faiblement anisothermes ont la même pente que celle des spectres des simulations isothermes. Les cases remplies avec NC sont les spectres pour lesquels l'intensité turbulente n'est pas suffisante pour avoir une zone inertielle.

En conclusion, nous avons vu que le gradient de température crée une dissymétrie entre les spectres obtenus côté chaud et côté froid. Cette dissymétrie est amplifiée par l'augmentation de l'intensité turbulente. Le gradient de température augmente l'énergie côté froid et la diminue côté chaud. On observe une nouvelle répartition de l'énergie en fonction de la taille des tourbillons.

4.3.3 Comparaisons des spectres d'énergie cinétique turbulente entre les simulations anisothermes et isothermes

Toujours dans l'optique d'étudier au mieux les deux effets du gradient de température sur l'écoulement, effet de la diminution du nombre de Reynolds local et effet de l'interaction dynamique-thermique, nous allons comparer les spectres des simulations anisothermes à ceux de leurs simulations isothermes chaudes et froides. Dans cette partie, les spectres ne sont pas adimensionnés par la vitesse de frottement au carré, car le spectre côté chaud (respectivement côté froid) d'une simulation anisotherme et celui de son isotherme chaude (respectivement froide) sont obtenus avec la même turbulence de paroi et donc la même vitesse de frottement. Sur les figures 4.10(a) et 4.10(b), sont tracés les spectres obtenus pour les simulations 180-2 et 395-2 puis comparés à ceux obtenus pour leurs isothermes. Les sondes utilisées pour les simulations isothermes sont placées au même endroit que celles des simulations anisothermes (1/5 et 5/5). En effet, les pics de fluctuations de vitesse longitudinale pour les simulations anisothermes et pour leurs isothermes sont placés à la même distance de la paroi.

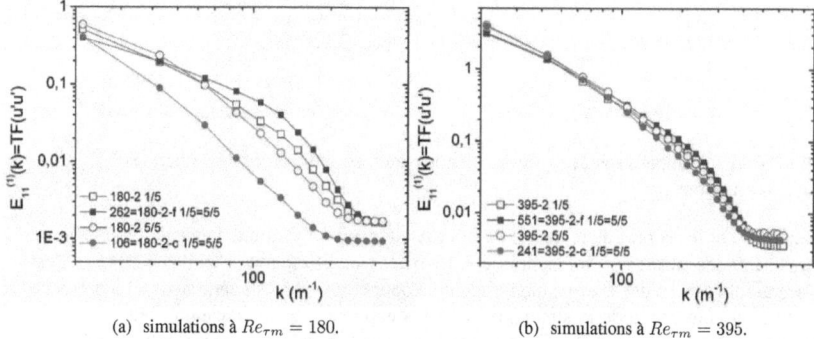

(a) simulations à $Re_{\tau m} = 180$.   (b) simulations à $Re_{\tau m} = 395$.

FIGURE 4.10 – Comparaison des spectres obtenus pour les simulations anisothermes à $T_2/T_1 = 2$ à leurs isothermes.

On peut voir que, pour la simulation 395-2, il n'y a que peu de différences entre tous les spectres, probablement pour les mêmes raisons que celles évoquées lors de l'étude dans l'espace physique (compensation et effet moins visible). Une légère différence de pente est tout de même visible. Par contre, entre la simulation 180-2 et ses isothermes, on voit nettement la différence entre les spectres de la simulation anisotherme et ceux des deux isothermes. La simulation isotherme froide 262=180-2-f a une pente en $k^{-5/3}$ alors que le côté froid de la simulation 180-2 a une pente plus importante. Pour la même intensité turbulente et avec les mêmes propriétés du fluide, les spectres ne sont pas du tout les mêmes. Ces différences sont dues à l'effet de l'interaction dynamique-thermique. La répartition de l'énergie entre les grandes et les petites échelles est modifiée par cette interaction. Du côté froid, l'énergie des grandes échelles de la simulation anisotherme est supérieure à celle des grandes échelles de la simulation isotherme froide. Par contre, l'énergie des petites échelles est moins importante. Un transfert d'énergie dans le sens perpendiculaire à l'écoulement pourrait expliquer le fait que le spectre, côté froid, ne suive plus la pente en $k^{-5/3}$. Du côté chaud, le spectre de la simulation anisotherme a plus d'énergie que celui de la simulation isotherme, que ce soit pour les grandes comme pour les petites échelles. On retrouve la création d'énergie due à l'interaction entre la dynamique et la thermique et éventuellement un apport d'énergie venant du côté froid.

Sur les figures 4.11(a) et 4.11(b), sont tracés les spectres obtenus pour les simulations 180-5 et 395-5 comparés à ceux obtenus pour leurs isothermes.

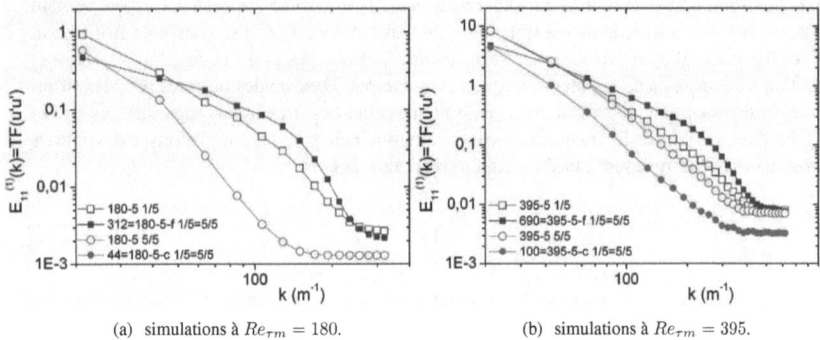

(a) simulations à $Re_{\tau m} = 180$.   (b) simulations à $Re_{\tau m} = 395$.

FIGURE 4.11 – Comparaison des spectres obtenus pour les simulations anisothermes à $T_2/T_1 = 5$ à leurs isothermes.

En augmentant le rapport de température pour la simulation ayant une intensité turbulente de $Re_{\tau m} = 180$, les différences sont amplifiées. Le spectre de l'isotherme chaud 44=180-5-c n'est pas représenté car il a une énergie bien trop faible pour être visible sur cette figure. La présence d'énergie du côté chaud de la simulation 180-5, s'explique par une création d'énergie due à l'interaction dynamique-thermique et éventuellement à un transfert d'énergie du côté froid vers le côté chaud qui représenterait l'énergie "manquante" (pour retrouver une pente en $k^{-5/3}$) au spectre côté froid par rapport à son isotherme. La figure 4.11(b) ressemble beaucoup à la figure 4.10(a) à un facteur d'énergie près. L'effet de l'interaction dynamique-thermique visible entre la simulation 395-5 et ses isothermes, est similaire à celui noté entre la simulation 180-2 et ses isothermes, à la différence près que l'énergie totale est supérieure.

En conclusion, on a mis en évidence que l'augmentation du gradient de température, via l'interaction entre la dynamique et la thermique, augmente l'énergie du côté chaud et du côté froid. Cette interaction dynamique-thermique crée une nouvelle répartition de l'énergie entre les différentes tailles de tourbillons. Du côté froid, les grandes échelles gagnent de l'énergie alors que les petites en perdent. Du côté chaud, c'est l'inverse. Ce sont les petites échelles qui gagnent de l'énergie alors que les grandes en perdent.

4.4 Spectres unidirectionnels d'énergie liés aux corrélations de température $E_T^{(1)}(k)$.

Le fort gradient de température crée d'importantes fluctuations de température. De la même façon que l'on a étudié les spectres $E_{11}^{(1)}(k)$, étudier leur équivalent en température peut nous apporter des informations complémentaires pour comprendre la physique mise en jeu. Nous avons tracé les spectres $E_T^{(1)}(k)$ qui représentent l'énergie des corrélations de température. Ces spectres sont calculés de la façon suivante :

$$E_T^{(1)}(k) = \frac{1}{2\pi} \int_{-\infty}^{+\infty} < T'(x,t)T'(x+r,t) > e^{ikr} dk \qquad (4.7)$$

Sur les figures 4.12(a) et 4.12(b) sont représentées les localisations des différentes sondes en fonction des fluctuations de température. Pour cette partie, nous avons gardé les mêmes sondes que celles utilisées pour l'étude de l'énergie cinétique turbulente. Il est plus intéressant d'étudier les spectres, énergie cinétique turbulente et de corrélations de température, à la même distance de la paroi. On remarque cependant que les sondes ne sont pas toutes placées aux pics de fluctuations de température. En effet, on a vu dans la partie 3.2 que les pics des fluctuations de température ne sont pas localisés au même endroit que ceux des fluctuations de vitesse longitudinale.

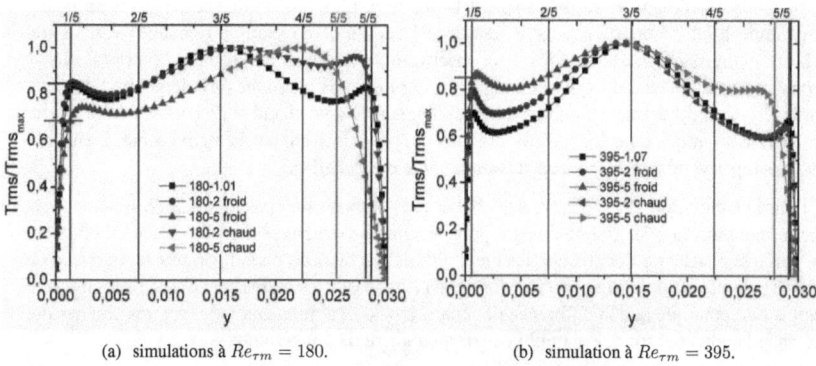

(a) simulations à $Re_{\tau m} = 180$. (b) simulation à $Re_{\tau m} = 395$.

FIGURE 4.12 – Localisation des sondes par rapport aux profils de fluctuations de température.

4.4.1 Comparaison des spectres liés aux corrélations de température obtenus par les différentes sondes.

Sur les figures 4.13 et 4.14 sont tracés les différents spectres obtenus pour les deux intensités turbulentes et pour les rapports de température de 2 (a) et de 5 (b).

121

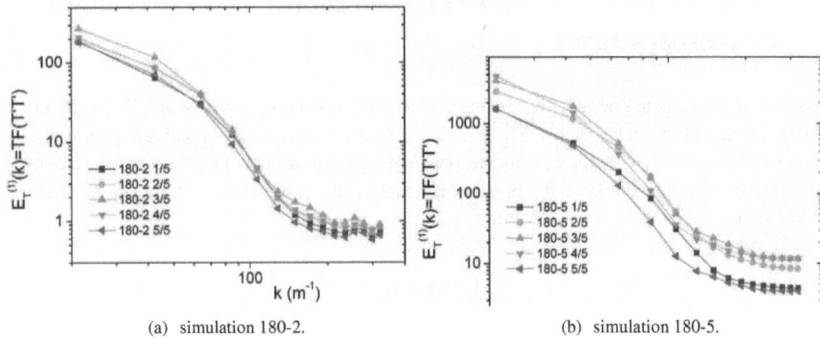

(a) simulation 180-2.   (b) simulation 180-5.

FIGURE 4.13 – Spectres d'énergie liés aux corrélations de température $E_T^{(1)}(k) = TF(T'T')$ à $Re_{\tau m} = 180$.

Pour l'intensité turbulente de $Re_{\tau m} = 180$ et un rapport de température de 2 (voir figure 4.13(a)), on peut voir que les spectres obtenus sont tous assez proches les uns des autres. On remarque toutefois, qu'à l'inverse des spectres d'énergie cinétique turbulente, le spectre permettant de visualiser la plus grande énergie est celui placé au centre du canal. Ceci est normal car la sonde placée au centre du canal est la sonde la plus proche du pic de fluctuations de température le plus important (légèrement décalé vers le côté chaud du domaine ; voir figure 4.12(a)). On remarque aussi que les deux spectres obtenus grâce aux sondes 2/5 et 4/5, se superposent parfaitement alors que ceux obtenus pour l'énergie cinétique turbulente (partie 4.3.1) sont légèrement différents. Les deux spectres, obtenus du côté chaud et du côté froid, montrent une énergie identique pour les grosses structures, mais ne suivent pas la même pente. L'énergie n'est pas répartie de la même façon suivant la taille des échelles.

Pour la simulation 180-5 (figure 4.13(b)), les résultats ne sont pas tout à fait les mêmes. Le spectre montrant la plus grande énergie pour les grosses structures est celui placé en position 4/5, soit très proche de l'endroit où les deux pics de fluctuations de température, côté chaud et au centre du canal, se rejoignent (voir figure 4.12(a)). Pour les autres spectres, l'ordre n'a pas changé. On remarque que la différence de répartition de l'énergie, entre les spectres obtenus du côté chaud et du côté froid, est amplifiée par le gradient de température.

Sur la figure 4.14(a), on peut voir qu'en augmentant l'intensité turbulente, pour un rapport de température de 2, la dissymétrie entre les profils des spectres de fluctuations de température est plus marquée. En effet les spectres 2/5 et 4/5 ne se superposent plus et les spectres 1/5 et 5/5 n'ont plus la même énergie maximale. Les spectres côté froid ont plus d'énergie que ceux côté chaud. On peut remarquer, à l'inverse de la simulation 180-2, que ces deux spectres suivent quasiment la même pente. Sur la figure 4.14(b), sont tracés les spectres obtenus pour la simulation 395-5. Nous observons que les évolutions sont les mêmes que celles notées pour la simulation 180-5, à l'amplitude des spectres près.

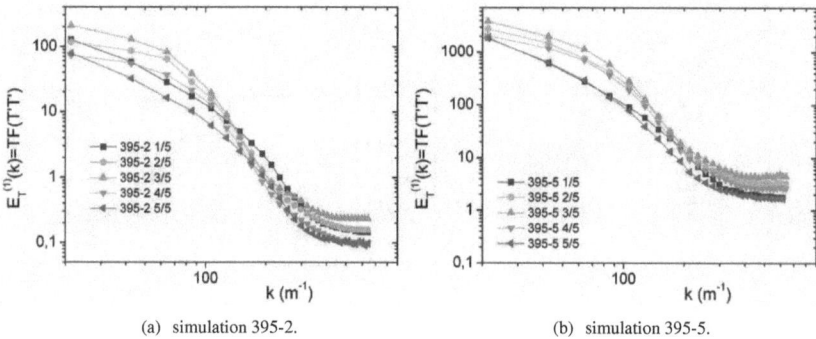

(a) simulation 395-2. (b) simulation 395-5.

FIGURE 4.14 – Spectres d'énergie liés aux corrélations de température $E_T^{(1)}(k) = TF(T'T')$ à $Re_{\tau m} = 395$.

Dans l'annexe D sont tracés les spectres d'énergie relative aux corrélations de vitesse normale-température. Ces spectres sont obtenus pour les deux intensités turbulente et pour les trois rapports de température avec les mêmes sondes que celles utilisées pour cette étude.

4.4.2 Comparaison des spectres liés aux corrélations de température pour les différents gradients de température.

Sur les figures 4.15(a) et 4.15(b) sont tracés pour les deux intensités turbulentes les spectres obtenus du côté chaud et du côté froid (1/5 et 5/5) pour les différents rapports de température. Ces spectres sont adimensionnés par la température de frottement au carré. On peut voir que l'augmentation du rapport de température augmente la dissymétrie entre les spectres côté chaud et côté froid. L'énergie des grandes échelles augmente côté froid et diminue côté chaud. La pente des spectres augmente avec le rapport de température du côté froid et du côté chaud. L'évolution de ces spectres en fonction du rapport de température est similaire à celle notée pour les spectres d'énergie cinétique turbulente (partie 4.3.2).

En conclusion, nous avons montré que le gradient de température rend dissymétrique les spectres d'énergie liés aux corrélations de température. Il crée une nouvelle répartition de l'énergie liée aux corrélations de température en fonction de la taille des échelles. On a noté que le maximum d'énergie est obtenu au centre du canal pour les simulations ayant une forte intensité turbulente ou un rapport de température de 2. Par contre, pour la simulation 180-5, le maximum est décalé du côté chaud du domaine.

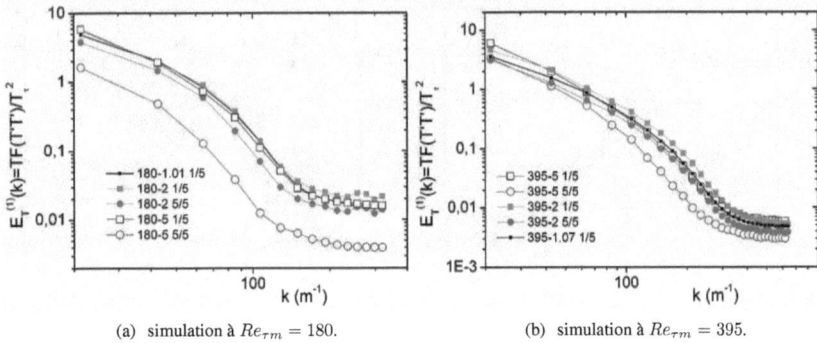

(a) simulation à $Re_{\tau m} = 180$.   (b) simulation à $Re_{\tau m} = 395$.

FIGURE 4.15 – Spectres d'énergie liés aux corrélations de température pour les différents rapports de température.

4.5   Spectres relatifs à la décomposition de l'énergie cinétique turbulente.

L'énergie cinétique est déterminée par $< \rho u u >$. La plupart des études, en écoulement isotrope et incompressible, n'étudient que le spectre lié aux fluctuations de vitesse longitudinale car la densité est constante. Dans notre cas, les fluctuations de température créent des fluctuations de densité dont les effets ne sont pas bien connus. Nous nous sommes intéressés à ces variations, pour connaître leurs répartitions sur l'énergie cinétique turbulente. L'énergie se décompose de la façon suivante :

$$
\begin{aligned}
E_c &= < \rho u u > \; - \; < \rho >< u >< u > \\
&= \langle ((< \rho > + \rho')(< u > + u')(< u > + u')) \rangle - < \rho >< u >< u > \\
&= \underbrace{< \rho >< u'u' >}_{-1-} + \underbrace{2 < u >< \rho'u' >}_{-2-} + \underbrace{< \rho'u'u' >}_{-3-}
\end{aligned}
\tag{4.8}
$$

Le spectre lié à $-1-$ est celui étudié dans les parties 4.2 et 4.3 à un facteur près, $< \rho >$. Par contre, les spectres liés à $-2-$ et $-3-$ ne sont pas couramment étudiés car l'influence des fluctuations de densité est généralement négligeable. La notation $TF()$ sera utilisée pour simplifier l'écriture. Elle représente la transformée de Fourier.
De $(-2-)$, nous tracerons donc le spectre :

$$
2 < u > E_{\rho l}^{(1)}(k) = \frac{1}{2\pi} 2 < u > \int_{-\infty}^{+\infty} < \rho'(x,t)u'(x+r_1,t) > e^{ik_1 r_1} dk_1 = 2 < u > TF(\rho'u') \tag{4.9}
$$

De $(-3-)$ nous, pouvons calculer deux spectres :

$$
E_{(\rho 1)1}^{(1)}(k) = \frac{1}{2\pi} \int_{-\infty}^{+\infty} < (\rho u)'(x,t)u'(x+r,t) > e^{ikr} dk = TF((\rho u)'u') \tag{4.10}
$$

$$E^{(1)}_{\rho(11)}(k) = \frac{1}{2\pi} \int_{-\infty}^{+\infty} < \rho'(x,t)(uu)'(x+r,t) > e^{ikr}dk = TF(\rho'(uu)') \qquad (4.11)$$

et un spectre représentant une corrélation triple densité-vitesse-vitesse :

$$E^{(1)}_{\rho 11}(k) = \frac{1}{2\pi} \int_{-\infty}^{+\infty} < \rho'(x,t)u'(x+r,t)u'(x+r,t) > e^{ikr}dk = TF(\rho'u'u') \qquad (4.12)$$

Dans cette partie, nous allons comparer l'impact de la température sur les spectres obtenus avec les sondes 1/5, 3/5 et 5/5. Les spectres obtenus pour les deux intensités turbulentes ayant les mêmes évolutions en présence du gradient de température, nous ne tracerons que les spectres obtenus pour l'intensité turbulente de $Re_{\tau m} = 395$. Les spectres obtenus avec une intensité turbulente de $Re_{\tau m} = 180$, sont tracés dans l'annexe C. Nous ne comparerons pas les spectres $E^{(1)}_{\rho 11}(k_1)$ sur les mêmes figures que les autres spectres car, quelque soit la simulation et la localisation du spectres, l'énergie liée à cette corrélation est toujours inférieure à celles des autres corrélations.

Sur les figures 4.16(a), 4.16(b) et 4.16(c), sont tracés les spectres obtenus au centre du canal pour les rapports de température de $1,07$; 2 et 5. Le premier constat que l'on peut faire est que l'énergie de tous ces spectres augmente avec le gradient de température.

On peut voir que pour un faible gradient de température, les spectres $< \rho > E^{(1)}_{11}(k)$ et $E^{(1)}_{(\rho 1)1}(k)$ sont confondus et ont une énergie bien supérieure à celles des spectres $E^{(1)}_{\rho(11)}(k)$ et $2 < u > E^{(1)}_{\rho 1}(k)$, qui eux aussi se superposent. Ceci est dû au fait que pour ce rapport de température, les fluctuations de densité sont négligeables. Par contre, en augmentant le gradient de température, (figures 4.16(b) et 4.16(c)), on peut voir que pour un rapport de 2, les spectres sont tous très proches. Pour un rapport de 5, l'ordre des spectres est clairement inversé. Les énergies représentées par les spectres $E^{(1)}_{\rho(11)}(k)$ et $2 < u > E^{(1)}_{\rho 1}(k)$ sont bien plus importantes que celles représentées par les spectres $< \rho > E^{(1)}_{11}(k)$ et $E^{(1)}_{(\rho 1)1}(k)$. On remarque aussi, que les deux spectres $< \rho > E^{(1)}_{11}(k)$ et $E^{(1)}_{(\rho 1)1}(k)$ ne se superposent plus, ce qui est dû aux fortes variations de densité.

Maintenant, si l'on regarde les mêmes spectres mais obtenus avec les sondes 1/5 et 5/5, on peut voir sur les figures 4.17(a), 4.17(b), 4.17(c), 4.17(d) et 4.17(e) que l'influence du gradient de température sur ces spectres n'est pas la même que celle notée sur les spectres placés au centre du canal.

En effet, même si l'ordre des spectres est le même pour la simulation ayant un faible gradient de température (figure 4.17(a)) que celui relevé pour les spectres placés au centre du canal, la différence d'énergie entre les spectres $< \rho > E^{(1)}_{11}(k)$ et $E^{(1)}_{(\rho 1)1}(k)$ et les spectres $E^{(1)}_{\rho(11)}(k)$ et $2 < u > E^{(1)}_{\rho 1}(k)$ est bien plus importante. Pour ces spectres, augmenter le gradient de température ne change pas l'ordre des spectres. Du côté chaud comme du côté froid, augmenter le gradient de température, rapproche les spectres $E^{(1)}_{\rho(11)}(k)$ et $2 < u > E^{(1)}_{\rho 1}(k)$ des spectres $< \rho > E^{(1)}_{11}(k)$ et $E^{(1)}_{(\rho 1)1}(k)$. Du côté chaud, l'énergie des corrélations liée aux spectres $E^{(1)}_{\rho(11)}(k)$ et $2 < u > E^{(1)}_{\rho 1}(k)$ est augmentée par le gradient de température. Du côté froid, l'énergie est

125

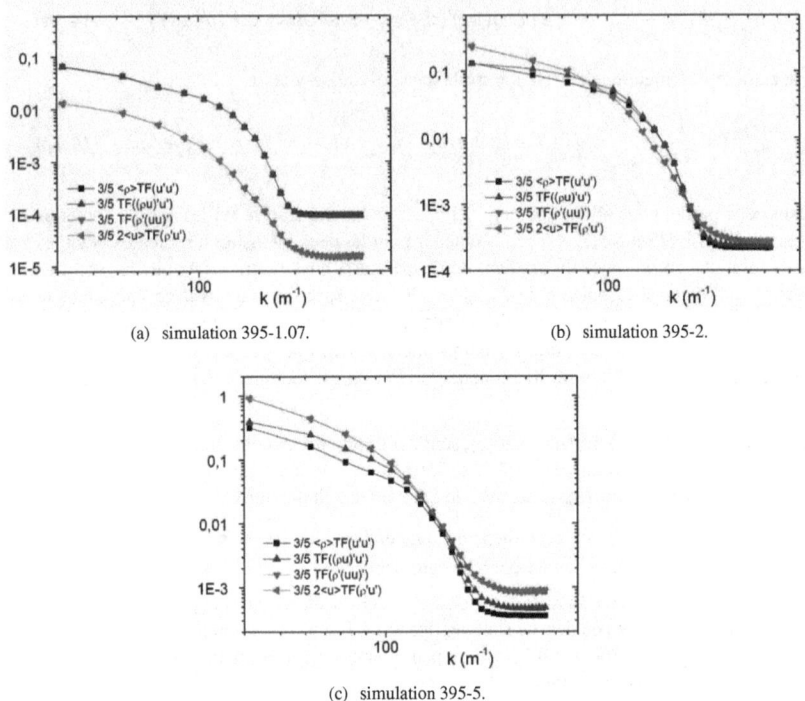

(a) simulation 395-1.07.　　　　　　　　(b) simulation 395-2.

(c) simulation 395-5.

FIGURE 4.16 – Spectres placés au centre issus de la décomposition ($< \rho uu > - < \rho >< u >< u >$) à $Re_{\tau m} = 395$.

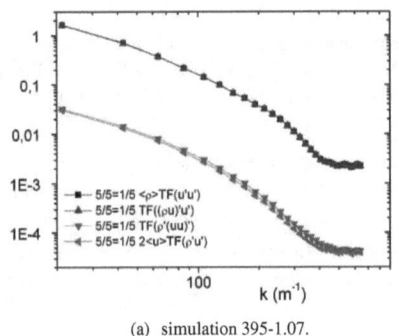

(a) simulation 395-1.07.

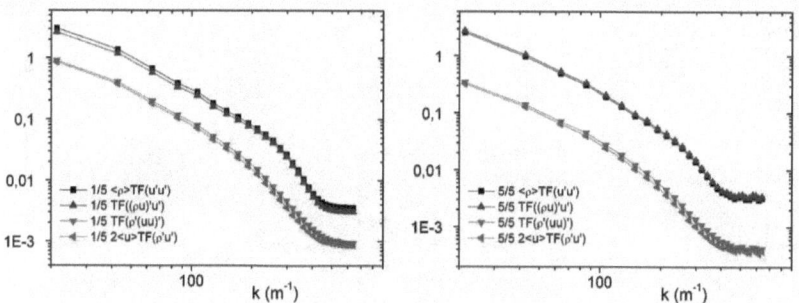

(b) spectres obtenus côté froid de la simulation 395-2. (c) spectres obtenus côté chaud de la simulation 395-2.

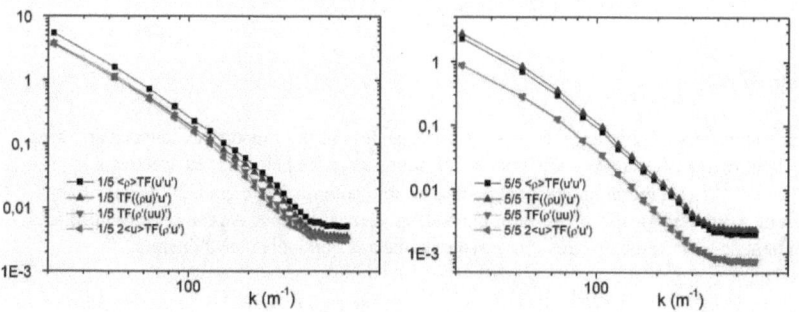

(d) spectres obtenus côté froid de la simulation 395-5. (e) spectres obtenus côté chaud de la simulation 395-5.

FIGURE 4.17 – Spectres obtenus côté froid et côté chaud, issus de la décomposition ($< \rho uu >$ $- < \rho >< u >< u >$) à $Re_{\tau m} = 395$.

augmentée sur toutes les corrélations. On note pour la simulation 395-5, que du côté froid, tous les spectres sont très proches.

Sur les figures 4.18, sont tracés les spectres $E_{\rho 11}^{(1)}(k)$ pour les trois rapports de température. Ces spectres sont représentés à part car leur énergie est beaucoup plus faible que celle des autres spectres de la décomposition. Les spectres obtenus au centre sont tracés sur la figure 4.18(a) et ceux obtenus côté chaud et côté froid sont tracés sur la figure 4.18(b).

Tous ces spectres, qu'ils soient au centre du canal, côté chaud ou côté froid, évoluent de la même façon que les autres spectres de la décomposition. Leur énergie augmente avec le gradient de température. Par contre, quelque soit la localisation ou le rapport de température, l'énergie de ces spectres reste négligeable par rapport à celle des autres spectres de la décomposition.

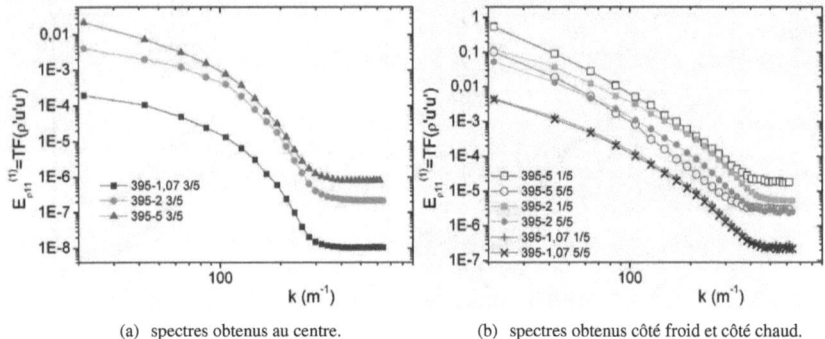

(a) spectres obtenus au centre. (b) spectres obtenus côté froid et côté chaud.

FIGURE 4.18 – Spectres $E_{\rho 11}^{(1)}(k)$ à $Re_{\tau m} = 395$.

En conclusion, l'importance de tous ces spectres, les uns par rapport aux autres, varie avec le gradient de température et selon leurs localisations entre les plaques. Les spectres $2 < u >$ $E_{\rho 1}^{(1)}(k)$ et $E_{\rho(11)}^{(1)}(k)$, montrant une énergie négligeable pour un faible gradient de température, représentent une énergie non négligeable quand le gradient augmente. Au centre du canal, quand le gradient de température est très fort, ce sont même eux qui ont le plus d'énergie.

4.6 Conclusion

Dans cette partie, nous avons étudié l'influence d'un gradient de température dans l'espace spectral. Les spectres étudiés sont unidirectionnels et monodimensionnels. Ils sont obtenus grâce à cinq sondes placées à cinq hauteurs différentes. La première étape a été de montrer que les spectres d'énergie cinétique, obtenus pour nos simulations isothermes, suivent bien la pente en $k^{-5/3}$ annoncée dans la théorie de Kolmogorov.

Nous avons ensuite étudié l'influence du gradient de température sur les spectres d'énergie cinétique turbulente vitesse-vitesse, les spectres d'énergie des fluctuations de température, les spectres liés à la décomposition de l'énergie cinétique turbulente prenant en compte les fluctuations de densité et les spectres liés aux corrélations vitesse-température. Pour tous ces spectres, nous avons montré que l'augmentation du gradient de température augmente l'énergie spectrale et crée une nouvelle répartition de l'énergie en fonction de la taille des échelles. Le gradient de température a tendance à éloigner les spectres obtenus côté chaud et côté froid. Il en est de même pour l'augmentation de l'intensité turbulente.

En comparant les simulations anisothermes avec leurs isothermes, nous avons vu que l'augmentation du gradient de température, via son effet dû à l'interaction dynamique-thermique, augmente l'énergie du côté chaud et du côté froid. Cette interaction dynamique-thermique modifie la répartition spectrale de l'énergie. Du côté froid, les grandes échelles gagnent de l'énergie alors que les petites en perdent, et du côté chaud, c'est l'opposé. Ce sont les petites échelles qui gagnent de l'énergie alors que les grandes en perdent.

Nous avons aussi étudié l'influence du gradient de température sur l'énergie de fluctuations de température. Nous avons montré que l'énergie spectrale était augmentée avec le gradient de température, en particulier pour des simulations à forte intensité turbulente et à fort ratio de température.

Après avoir décomposé l'énergie cinétique turbulente en prenant en compte les fluctuations de densité, nous avons comparé l'influence du gradient de température sur les différents spectres. Le gradient de température influent fortement sur l'importance des spectres les uns par rapport autres. Les corrélations dont l'énergie est négligeable pour un faible gradient de température, ne sont plus négligeables pour un fort gradient de température. Au centre, ce sont même ces corrélations qui ont le plus d'énergie quand le gradient de température est très important.

Conclusion générale et perspectives

L'étude de l'influence d'un fort gradient de température a été réalisée dans le but de comprendre les phénomènes physiques mis en jeu au sein d'un récepteur solaire. L'écoulement traversant le récepteur est un écoulement à faible nombre de Mach et soumis à de très grandes variations de température. Pour représenter au mieux cet écoulement, nous avons utilisé les équations de bas-Mach. La géométrie (un canal plan bipériodique avec températures imposées aux parois) a été choisie la plus simple possible dans le but de n'étudier que l'influence du gradient de température sur l'écoulement turbulent. Nous avons étudié en simulation des grandes échelles thermiques des écoulements turbulents pour deux valeurs de nombre de Reynolds turbulent différentes ($Re_{\tau m} = 180$ et $Re_{\tau m} = 395$) et pour quatre rapports de température différents ($T_2/T_1 = 1 \, ; 1,01$ ou $1,07 \, ; 2$ et 5).

Une première étude a permis de valider le modèle sous-maille thermique le plus adapté, en fonction de l'intensité turbulente et du rapport de température. Nous avons montré que le modèle sous-maille thermique, indispensable pour obtenir de bons résultats, peut être utilisé avec un nombre de Prandtl sous-maille constant pour des écoulements faiblement turbulents ou pour des rapports de température inférieur à 5. Nous avons conclu que pour notre étude, seule la simulation ayant une forte intensité turbulente et soumise à un très fort gradient de température, nécessite un modèle sous-maille thermique plus complexe.

Le premier effet du gradient de température visible sur tous les profils, que ce soit dans le domaine physique ou dans l'espace spectral, est une dissymétrie créée entre le côté chaud et le côté froid du canal. Une relaminarisation du côté chaud du domaine, due aux fortes températures, est mise en évidence sur tous les profils obtenus par la simulation considérant un écoulement ayant une faible intensité turbulente, soumis à un très fort gradient de température. Nous avons montré que les évolutions, dues au fort gradient de température, visibles sur les profils de vitesse moyenne sont différentes entre un écoulement turbulent et un écoulement laminaire. La simulation faiblement turbulente soumise à un très fort gradient de température peut être considérée comme étant laminaire du côté chaud et turbulent du côté froid.

En comparant des simulations ayant la même intensité turbulente moyenne, nous avons montré que l'augmentation du gradient de température augmente les fluctuations du côté froid et les diminue du côté chaud. Il en est de même dans l'espace spectral, où l'énergie est augmentée du côté froid et diminuée du côté chaud. La dissymétrie, créée par le gradient de température, est augmentée part l'intensité turbulente. Une nouvelle répartition des différentes fluctuations à travers le canal est créée par le gradient de température. Les pics des fluctuations du côté chaud s'éloignent de la paroi quand le gradient de température augmente. En comparant les spectres d'énergie, nous avons noté que la répartition de l'énergie en fonction de la taille des échelles est elle aussi modifiée par le gradient de température.

Nous avons porté une attention particulière sur des spectres rarement étudiés dans la littérature pour des travaux dans lesquels les variations de densité sont négligeables. Dans notre cas, ces variations sont très importantes et leurs effets sur l'énergie cinétique ne sont plus négligeables. Nous avons montré que l'énergie de ces spectres dépend fortement de leurs localisations et du gradient de température. Dans les cas fortement turbulents et soumis à un fort gradient de température, les spectres considérés comme négligeables dans d'autres études sont ceux ayant le plus d'énergie.

En comparant les côtés chaud et froid des simulations anisothermes avec des simulations isothermes ayant les mêmes propriétés du fluide et la même intensité turbulente, nous avons pu mettre en évidence deux effets distincts créés par le gradient de température. Le premier est dû à l'influence de la température sur la viscosité cinématique, qui entraîne une diminution locale du nombre de Reynolds. Le second effet est lié à l'interaction entre la dynamique et la thermique, il est la cause des différences que l'on note entre les simulations isothermes chaudes et froides et les côtés chauds et froids des simulations anisothermes. L'interaction dynamique-thermique crée des fluctuations et de l'énergie du côté chaud et du côté froid du domaine. Du côté froid, l'influence de cette interaction est très présente. Du côté chaud, il y a une compétition entre la création de fluctuations, due à l'interaction dynamique-thermique, et la relaminarisation due à la diminution locale du nombre de Reynolds. Ces deux effets sont antagonistes. En comparant les spectres d'énergie, nous avons noté que la répartition de l'énergie en fonction de la taille des échelles est elle aussi modifiée par l'interaction dynamique-thermique. Du côté froid, l'énergie est augmentée pour les grandes structures et diminuée pour les petites, alors que du côté chaud, l'effet noté est l'opposé ; l'énergie est augmentée pour les petites échelles et diminuée pour les grandes.

Ce travail offre de nombreuses perspectives dans le domaine des écoulements turbulents fortement anisothermes. Dans un premier temps, à partir des simulations déjà réalisées, on pourra analyser les termes représentant le transfert d'énergie du côté froid vers le côté chaud afin de compléter l'étude spectrale. Effectuer une étude entropique afin d'analyser l'influence du gradient de température sur la production entropique liée aux termes de fluctuations et ainsi, préciser l'explication des phénomènes physiques mis en jeu dans ces écoulements.

D'autres simulations seront à conduire pour compléter et poursuivre cette étude. Ces études demanderont plus de temps pour être effectuées. Il sera intéressant d'effectuer des simulations ayant une intensité turbulente encore plus importante (par exemple, à $Re_{\tau m} = 590$) pour des rapports de température de 1, 2 et 5. Ceci permettra de confirmer l'effet du gradient de température sur des écoulements très turbulents. L'utilisation d'un maillage asymétrique, plus fin du côté froid que du côté chaud, permettrait de réaliser ces simulations dans un temps relativement raisonnable.

Jusqu'à présent, utiliser un maillage identique des deux côtés, n'était pas un choix trop lourd numériquement. Par contre, pour une intensité turbulente plus importante et pour un très fort rapport de température, le maillage nécessaire pour obtenir un $y+$ inférieur à 2 du côté froid sera très fin. Utiliser un maillage si fin du côté chaud, alors que la température aura fortement diminué le nombre de Reynolds turbulent, ferait perdre beaucoup trop de temps de calcul sans réel besoin. Un autre point important sera la réalisation de simulations couplant les transferts convectifs et radiatifs, et donc, de modifier les conditions aux limites thermiques pour les remplacer par des conditions de flux imposés. Pour se rapprocher de la configuration du récepteur solaire, il faudra aussi s'intéresser au couplage de la convection avec la conduction dans les parois solides.

Enfin, à plus long terme, il serait intéressant de réaliser des Simulations Numériques Directes avec de forts rapports de températures pour avoir des données de référence. Elles permettraient aussi de finaliser l'étude sur la modélisation sous-maille thermique. Cela nécessitera de se doter de moyens de calcul importants.

Cette étude fondamentale, sur l'impact d'un gradient de température sur un écoulement turbulent a permis d'expliquer la physique mis en jeu dans ce type d'écoulement. Pour se rapprocher de l'étude du récepteur solaire, il faudra dériver une modélisation pour des simulations de type RANS, permettant de rendre compte des effets présents dans ces écoulements. Une fois cette modélisation réalisée, des géométries plus complexes, représentatives de celle du récepteur solaire, pourront être étudiées et améliorées afin d'augmenter l'énergie thermique captée par le récepteur.

Bibliographie

Ackermann, C. et Métais, O., *A modified selective structure function subgrid-scale model*, Journal of Turbulence, **2(11)**, pp. 1–26, 2001.

Awad, E., E. Toorman et Lacor, C., *Large eddy simulations for quasi-2d turbulence in shallow flows : A comparison between different subgrid scale models*, J. Marine Systems, doi :10.1016.j-jmarsys.200811.011, p. 18, 2009.

Bae, J. H., Yoo, J. Y., et Choi, *direct numerical simulation of turbulent supercritical flows with heat transfer*, Physics of Fluids, **17**, pp. 105104–1–105104–24, 2005.

Bae, J. H., Yoo, J. Y., Choi, H., et McEligot, D. M., *Effects of large density variation on strongly heated internal air flows*, Physics of Fluids, **18**, pp. 075102–1–075102–25, 2006.

Bae, J. H., Yoo, J. Y., et McEligot, D. M., *Direct numerical simulation of heated co_2 flows at supercritical pressure in vertical annulus at re* = 8900, Physics of Fluids, **20**, pp. 055108–1–055108–20, 2008.

Bardina, J., Ferziger, J., et Reynolds, W., *Improved subgrid scale models for large eddy simulation*, AIAA Journal, **80**, p. 1357, 1980.

Bataille, F., Rubinstein, R., et Hussaini, M. Y., *Eddy viscosity and diffusivity modeling*, Physics Letters A, **346**, pp. 168–173, 2005.

Brillant, G., *Simulation des grandes échelles sur une plaque plane soumise à de l'effusion*, Mémoire du DEA de Thermique et Energétique de l'INSA de Lyon, Lyon, 2001.

Brillant, G., *Simulations des grandes échelles thermiques et expériences dans le cadre d'effusion anisotherme*, Thèse de doctorat, INSA de Lyon, 2004.

Brillant, G., Bataille, F., et Ducros, F., *Large-eddy simulation of a turbulent boundary layer with blowing*, Theorical and Computational Fluid Dynamics, **17(5-6)**, pp. 433–443, 2004.

Brillant, G., Husson, S., et Bataille, F., *Subgrid-scale diffusivity : wall behaviour and dynamic methods*, ASME Journal of Applied Mechanics, **73(3)**, pp. 360–367, 2006.

Burton, G. C., *Large-eddy simulation of passive scalar mixing using multifractal subgrid-scale modeling*, Center for Turbulent Research, Annual Research Briefs, pp. 145–156, 2004.

Calvin, C., Cueto, O., et Emonot, P., *An object-oriented approach to the design of fluid mechanics software*, Mathematical Modelling and Numerical Analysis, **36(5)**, pp. 907–921, 2002.

135

Chapman, D., *Computational aerodynamics developement and outlook*, AIAA Journal, **17(12)**, pp. 1293–1301, 1979.

Chassaing, P., *Turbulence en méchanique des fluides*, Cépaduès, Toulouse, 625 p, 2000.

Chassaing, P., *Mécanique des fluides, éléments d'un premier parcours*, Cépaduès, Toulouse, 450 p, 2001.

Châtelain, A., Ducros, F., et Métais, O., *Les of turbulent heat transfer : proper convection numerical schemes for temperature transport*, International Journal for Numerical Methods in Fluids, **44(9)**, pp. 1017–1044, 2004.

Cheng, R. K. et Ng, T., *Some aspects of strongly heated turbulent boundary layer flow*, Physics of Fluids, **25(8)**, pp. 1333–1341, 1982.

Chumakov, S. et Rutland, C. J., *Dynamic structure models for scalar flux and dissipation in large eddy simulation*, AIAA Journal, **42(6)**, pp. 1132–1139, 2004.

Coleman, G. N., J., K., et Moser, R. D., *A numerical study of turbulent supersonic isothermal-wall channel flow*, Journal of Fluid Mechanics, **305**, pp. 159–183, 1995.

Comte-Bellot, G., *Contribution á l'étude de la turbulence de conduite*, Thèse de doctorat, Iniversité de Grenoble, 1963.

Daly, B. J. et Harlow, F. H., *Transport equations in turbulence*, Physics of Fluids, **13(11)**, pp. 2634–2649, 1970.

Dautray, R. et Lions, J. L., *Analyse mathématique et calcul numérique pour les sciences et les techniques, tome 3*, Masson, collection du commisariat à l' énergie atomique, 1985.

Deardorff, J. W., *A numerical study of three-dimensionnal turbulent channel flow at large reynolds numbers*, Journal of Fluid Mechanics, **41**, pp. 453–480, 1970.

Deardorff, J. W., *The use of subgrid transport equations in a three-dimensional model of atmospheric turbulence*, Journal of Fluids Engineering (ASME), pp. 429–438, 1973.

Debusschere, B., Rutland, C. J., et al, *Turbulent scalar transport mecanisms in plane channel and couette flows*, International Journal of Heat and Mass Transfer, **47**, pp. 1771–1781, 2004.

Duquennoy, C. et Ledac, P., *Manuel de la formation développeur trio_u/priceles*, Rap. tech., CS SI, CEA, Grenoble, 2002.

Erlebacher, G., Hussaini, M. Y., Speziale, C. G., et Zang, T. A., *Toward the large-eddy simulation of compressible turbulent flows*, Journal of Fluid Mechanics, **238**, pp. 155–185, 1992.

Ezato, K., Shehata, A. M., Kunugi, T., et McEligot, D. M., *Numerical prediction of transitional features of turbulent forced gas flows in circular tubes with strong heating*, Journal of Heat Transfer (ASME), **121**, pp. 546–555, 1999.

Ferziger, e. P. M., J., *Computational Methods for Fluid Dynamics*, Springer, 1999.

Flohr, P. et Vassilicos, J. C., *A scalar subgrid model with flow structure for large-eddy simulations of scalar variances*, Journal of Fluid Mechanics, **407**, pp. 315–349, 2000.

Fureby, C. et Grinstein, F. F., *Large eddy simulation of high-reynolds-number free and wall-bounded flows*, Journal of Computational Physics, **181**, pp. 68–97, 2002.

Germano, M., Piomelli, U., Moin, P., et Cabot, W., *A dynamic subgrid-scale eddy viscosity model*, Physics of Fluids A, **3(7)**, pp. 1760–1765, 1991.

Golanski, F., Prax, C., Lamballais, E., Fortuné, V., et Valière, J.-C., *An aeroacoustic hytbrid approach for non-isothermal flows at low mach number*, International Journal for Numerical Methods in Fluids, **45**, pp. 441–461, 2004.

Huang, P. G., Coleman, G. N., et Bradshaw, P., *Compressible turbulent channel flows : Dns results and modelling*, Journal of Fluid Mechanics, **305**, pp. 185–218, 1995.

Husson, S., *Simulations des grandes échelles pour les écoulements turbulents anisoithermes*, Thèse de doctorat, INSA de Lyon, 2007.

Husson, S., Knikker, R., et Bataille, F., *Simulations des grandes echelles pour les configurations fortement anisothermes*, dans *SFT 2006 - Défis thermique dans l'industrie nucléaire, île de Ré*, tm. 1, pp. 283–288, Sociète Française de Thermique, Paris, 2006.

Jaberi, F. A. et Colucci, P. J., *Large eddy simulation of heat and mass transport in turbulent flows. part2 : Scalar field*, International Journal of Heat and Mass Transfer, **46**, pp. 1827–1840, 2003.

Jimenez, C., Valino, L., et Dopazo, C., *A priori and a posteriori tests of subgrid scale models for scalar transport*, Physics of Fluids, **13(8)**, pp. 2433–2436, 2001.

Katopodes, F. V., Street, R. L., et Ferziger, J. H., *Subfilter-scale scalar transport for large-eddy simulation*, dans *14th Symposium on Boundary Layers and Turbulence*, pp. 472–475, American Meteorological Society, Washington, 2000.

Kaviany, M., *Principles of convective heat transfer*, Springer, New York, 707 p, 2001.

Kawamura, *Dns database of wall turbulence and heat transfer*, Kawamura lab, (**http ://mura-sun.me.noda.tus.ac.jp/turbulence/index.html**), 2008.

Kawamura, H., Abe, H., et Matsuo, Y., *Dns of turbulent heat transfer in channel flow with respect to reynolds and prandtl number effetc*, International Journal of Heat and Fluid Flow, **20**, pp. 196–207, 1999.

Kawamura, H., Abe, H., et Shingai, K., *Dns of turbulence and heat transport in a channel flow with different reynolds and prandtl numbers and boundary conditions*, dans Y. Nagano, K. Hanjalic, et T. Tsuji, réds., *3rd International Symposium on Turbulence, Heat and Mass Transfer, Aichi Shuppan, Tokyo*, pp. 15–32, 2000.

Kim, J., Moin, P., et Moser, R., *Turbulence statistics in fully developed channel flow at lox reynolds number*, Journal of Fluid Mechanics, **177**, pp. 133–166, 1987.

Lee, J. S., Xu, W., et Pletcher, H., *Large eddy simulation of heated vertical annular pipe flow in fully developed turbulent mixed convection*, International Journal of Heat and Mass Transfer, **47**, pp. 437–446, 2004.

Leonard, A., *Energy cascade in large eddy simulations of turbulent fluid flows*, Advances in Geophysics, **18A**, pp. 237–248, 1974.

Lesieur, M. et Métais, O., *New trends in large-eddy simulations of turbulence*, Annual Reviews of Fluids Mechanics, **28**, pp. 45–82, 1996.

Lesieur, M., Métais, O., et Comte, P., *Large-Eddy Simulations of Turbulence*, Cambridge University Press, Cambridge, 2005.

Lessani, B., Papalexandris, M. V., et al, *Time-accurate calculation of variable density flows with strong temperature gradients and combustion*, Journal of Computational Physics, **212**, pp. 218–246, 2006.

Lessani, B., Papalexandris, M. V., et al, *Numerical study of turbulent channel flow with strong temperature gradients*, International Journal of Numerical Methods for Heat & Fluid Flow, **18**, pp. 545–556, 2007.

Lilly, D., *A proposed modification of the Germano subgrid-scale closure method*, Physics of Fluids A, **4(3)**, pp. 633–635, 1992.

Mellen, C. P., Frölich, J., et Rodi, W., *Lessons from lesfoil project on large-eddy simulation of flow around an airfoil*, AIAA Journal, **41(4)**, pp. 573–581, 2003.

Meneveau, C. et Katz, J., *Scale-invariance and turbulence models for large-eddy simulation*, Annual Reviews of Fluids Mechanics, **32**, pp. 1–32, 2000.

Métais, O. et Lesieur, M., *Spectral large-eddy simulations of isotropic and stably stratified turbulence*, Journal of Fluid Mechanics, **239**, pp. 157–194, 1992.

Moin, P. et Kim, J., *Numerical investigation of turbulent channel flow*, Journal of Fluid Mechanics, **118**, pp. 341–377, 1982.

Moin, P., Squires, K., Cabot, W., et Lee, S., *A dynamic subgrid-scale model for compressible turbulence and scalar transport*, Physics of Fluids, **3(11)**, pp. 2746–2757, 1991.

Montreuil, E., *Simulations numériques pour l'aérothermique avec des modèles sous-maille*, Thèse de doctorat, Université Pierre et Marie Curie, 2000.

Montreuil, E., Labbé, O., et Sagaut, P., *Assessment of non-fickian subgrid-scale models for passive scalar in a channel flow*, International Journal for Numerical Methods in Fluids, **49**, pp. 75–98, 2005.

Montreuil, E., Sagaut, E., Labbé, O., et Cambon, C., *Assessment of non-fickian subgrid-scale models for passive scalar in channel flow*, dans L. K. P. Voke, N. Sandham, réd., *Direct and Large Eddy Simulation III*, pp. 189–200, Kluwer Academic Press, Dordrecht, 1999.

Morinishi, Y., Tamano, S., et Nakabayashi, K., *Direct numerical simulation of compressible turbulent channel flow between adiabatic and isothermal walls*, Journal of Fluid Mechanics, **502**, pp. 273–308, 2004.

Morinishi, Y., Tamano, S., et Nakamura, E., *New scaling of turbulence statistics for incompressible thermal channel flow with different total heat flux gradients*, International Journal of Heat and Mass Transfer, **doi 10.1016j.ijheatmasstransfer.2006.10.012,**, 2006.

Moser, R. D., Kim, J., et Mansour, N. N., *Direct numerical simulation of turbulent channel flow up to* re_τ = 590, Physics of Fluids, base de donnée disponible sur http ://turbulence.ices.utexas.edu/MKM_1999.html, **11(4)**, pp. 943–945, 1999.

Nicoud, F., *Conservative high-order finite-difference schemes for low-mach number flows*, Journal of Computational Physics, **158**, pp. 71–97, 1999.

Nicoud, F. et Ducros, F., *Subgrid-scale stress modelling based on the square of the velocity gradient tensor*, Flow, Turbulence and Combustion, **62**, pp. 183–200, 1999.

Nicoud, F. C., *Numerical study of a channel flow with variable properties*, Center for Turbulent Research, Annual Research Briefs, pp. 289–309, 1998.

Pao, Y., *Structure of turbulent velocity and scalar fields at large wavenumbers*, Physics of Fluids, **11(6)**, pp. 1063–1075, 1965.

Paolucci, S., *On the filtering of sound from the navier-stockes equations*, Rap. tech. SAND82-8257, SANDIA National Labs., Livermore, CA (USA), 1982.

Peng, S.-H. et Davidson, L., *On a subgrid-scale heat flux model for large-eddy simulation of turbulent thermal flow*, International Journal of Heat and Mass Transfer, **45**, pp. 1393–1405, 2002.

Pullin, D. I., *A vortex-based model for the subgrid flux of a passive scalar*, Physics of Fluids, **12(9)**, pp. 2311–2319, 2000.

Qin, Z. et Pletcher, R. H., *Large eddy simulation of turbulent heat transfer in a rotating square duct*, International Journal of Heat and Fluid Flow, **27**, pp. 371–390, 2006.

Quarteroni, A., Sacco, R., et Saleri, F., *Méthodes numériques pour le calcul scientifique*, Springer-Verlag, France, 2000.

Saddoughi, S. et Veeravalli, S., *Local isotropy in turbulence boundary layers at high reynolds number*, Journal of Fluid Mechanics, **(348)**, pp. 333–372, 1994.

Sagaut, P., *Introduction à la simulation des grandes échelles pour les écoulements incompressibles*, Springer, Berlin, 282 p, 1998.

Salat, J., Xin, S., Joubert, P., Sergent, A., Penot, F., et Le Quéré, P., *Experimental and numerical investigation of turbulent natural convection in a large air-filled cavity*, International Journal of Heat and Fluid Flow, **25**, pp. 824–832, 2004.

Sarghini, F., Piomelli, U., et Balaras, E., *Scale-similar models for large-eddy simulations*, Physics of Fluids, **11(9)**, pp. 1596–1607, 1999.

Satake, S., Kunugi, T., Shehata, A. M., et McEligot, D. M., *Direst numerical simulation on laminarization of turbulent forced gas flows in circular tubes with strong heating*, dans Banerjee, réd., *1st Symposium of Turbulence and Shear Flow Phenomena*, Santa Barbara, CA, 1999.

Sergent, A., Joubert, P., et Le Quéré, P., *Development of a local subgrid diffusivity model for large-eddy simulation of buoyancy-driven flows : application to a square differentially heated cavity*, Numerical Heat Transfer, Part A, **44**, pp. 789–810, 2003.

Sergent, A., Joubert, P., Le Quéré, P., et Tenaud, C., *Extension du modèle d'échelles mixtes à la diffusivité sous-maille*, Computational Fluid Mechanics, **328(série II b)**, pp. 891–897, 2000.

Serra, S., Toutant, A., et Bataille, F., *Numerical investigation of a turbulent flow submitted to a high temperature gradient*, 14th Solar Paces International Symposium, Las-Vegas, p. 6, 2008.

Smagorinsky, J., *General circulation experiments with the primitive equations*, Monthly Weather Review, **91(3)**, pp. 99–164, 1963.

Spalart, P. R., *Strategies for turbulence modelling and simulations*, International Journal of Heat and Fluid Flow, **21**, pp. 252–263, 2000.

Tamano, S. et Morinishi, Y., *Effect of different thermal wall boundary conditions on compressible turbulent channel flow at m=1.5*, Journal of Fluid Mechanics, **548**, pp. 361–373, 2006.

Voke, P. R., *Low-reynolds-number subgrid-scale models*, Rap. tech., Department of Mechanical Engineering, University of Surrey,Guildford GU2 5XH, United Kingdom, 1994.

Vreman, B., Geurts, B., et Kuerten, H., *Large-eddy simulation of the turbulent mixing layer*, Journal of Fluid Mechanics, **339**, pp. 357–390, 1997.

Wang, W., Pletcher, R., et al, *On the large eddy simulation of a turbulent channel flow with significant heat transfer*, Physics of Fluids, **8(12)**, pp. 3354–3366, 1996.

Wardana, I. N. G., Uead, T., et Mizomoto, M., *Effect of strong wall heating on turbulence statistics of a channel flow*, Experiments in Fluids, **18**, pp. 87–94, 1994.

Wardana, I. N. G., Ueda, T., et Mizomoto, M., *Structure of turbulent two-dimensional channel flow with strongly heated wall*, Experiments in Fluids, **13**, pp. 17–25, 1992.

White, F. M., *Viscous Fluid Flow, 2nd Ed.*, McGraw-Hill, New York, 1991.

Worthy, J., *Large eddy simulation of buoyant plumes*, Thèse de doctorat, School of Mechanical Engineering, Cranfield University, 2003.

Xin, S., Duluc, M.-C., Lusseyran, F., et Le Quéré, P., *Numerical simulations of natural convection around a line-source*, Int. Journal of Num. Meth. for Heat and Fluid Flow, **14(7)**, pp. 830–850, 2004.

Xu, X., Lee, J. S., Pletcher, R. H., Shehata, A. M., et McEligot, D. M., *Large eddy simulation of turbulent forced gas flows in vertical pipes with high heat transfer rates*, International Journal of Heat and Mass Transfer, **47**, pp. 4113–4123, 2004.

Annexes

Annexe A

Spectres liés à la corrélation double vitesse longitudinale-vitesse normale $E_{22}^{(1)}(k)$

Cette annexe rassemble des figures relatives à la partie 4.3.1. Elles permettent de compléter l'étude de l'énergie cinétique turbulente $E_{22}^{(1)}(k)$, liée aux fluctuations de vitesse normale.

Sur les figures A.1(a) et A.1(b) sont tracés les spectres obtenus à l'aide des différentes sondes pour les simulations à $Re_{\tau m} = 180$ et $Re_{\tau m} = 395$ pour un rapport de température de 1,01 ou 1,07.

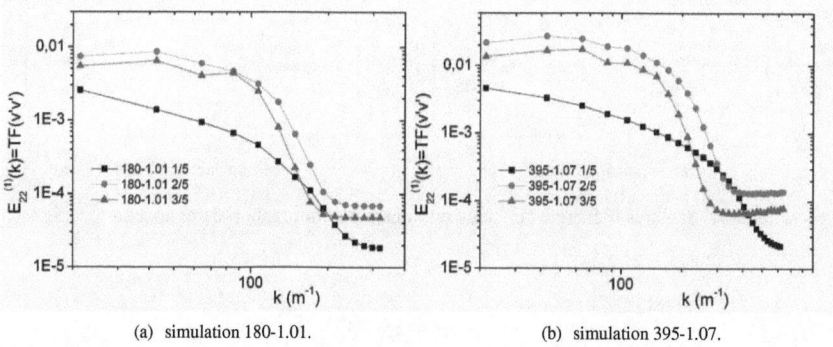

(a) simulation 180-1.01.   (b) simulation 395-1.07.

FIGURE A.1 – Spectres d'énergie cinétique turbulente pour un rapport de température de 1,01 ou 1,07.

Sur les figures A.2(a) et A.2(b) sont tracés les spectres obtenus à l'aide des différentes sondes pour les simulations à $Re_{\tau m} = 180$ et $Re_{\tau m} = 395$ pour un rapport de température de 2.

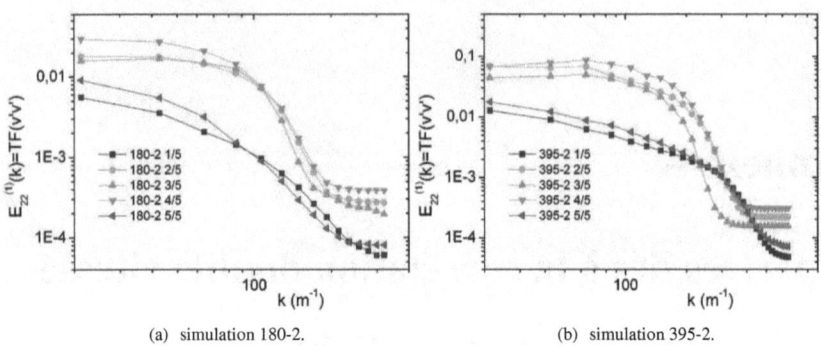

(a) simulation 180-2. (b) simulation 395-2.

FIGURE A.2 – Spectres d'énergie cinétique turbulente pour un rapport de température de 2 .

Sur les figures A.3(a) et A.3(b) sont tracés les spectres obtenus à l'aide des différentes sondes pour les simulations à $Re_{\tau m} = 180$ et $Re_{\tau m} = 395$ pour un rapport de température de 5.

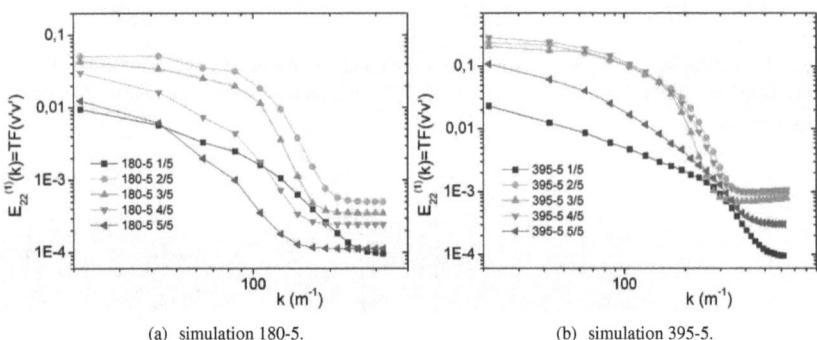

(a) simulation 180-5. (b) simulation 395-5.

FIGURE A.3 – Spectres d'énergie cinétique turbulente pour un rapport de température de 5 .

Annexe B

Spectres liés à la corrélation double vitesse longitudinale-vitesse normale $E_{12}^{(1)}(k)$

Cette annexe rassemble des figures relatives à la partie 4.3.1. Elles permettent de compléter l'étude de l'énergie cinétique turbulente $E_{12}^{(1)}(k)$, liée à la corrélation vitesse-vitesse.

Sur les figures B.1(a) et B.1(b) sont tracés les spectres obtenus à l'aide des différentes sondes pour les simulations à $Re_{\tau m} = 180$ et $Re_{\tau m} = 395$ pour un rapport de température de 1,01 ou 1,07.

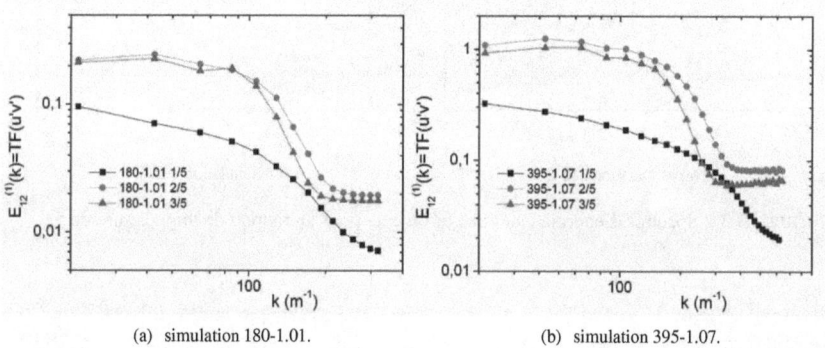

(a) simulation 180-1.01.   (b) simulation 395-1.07.

FIGURE B.1 – Spectres d'énergie cinétique turbulente pour un rapport de température de 1,01 ou 1,07.

Sur les figures B.2(a) et B.2(b) sont tracés les spectres obtenus à l'aide des différentes sondes pour les simulations à $Re_{\tau m} = 180$ et $Re_{\tau m} = 395$ pour un rapport de température de 2.

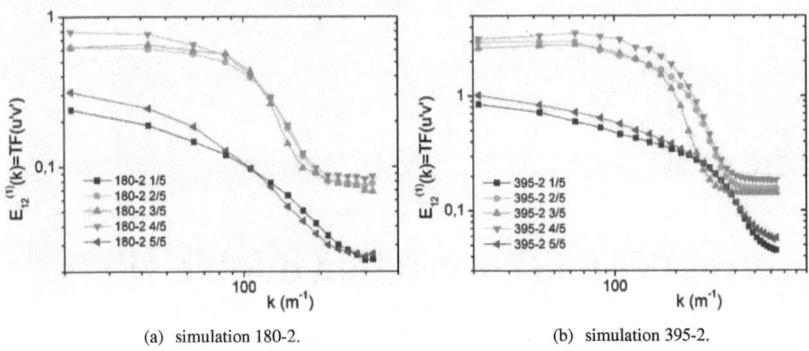

(a) simulation 180-2.   (b) simulation 395-2.

FIGURE B.2 – Spectres d'énergie cinétique turbulente pour un rapport de température de 2 .

Sur les figures B.3(a) et B.3(b) sont tracés les spectres obtenus à l'aide des différentes sondes pour les simulations à $Re_{\tau m} = 180$ et $Re_{\tau m} = 395$ pour un rapport de température de 5.

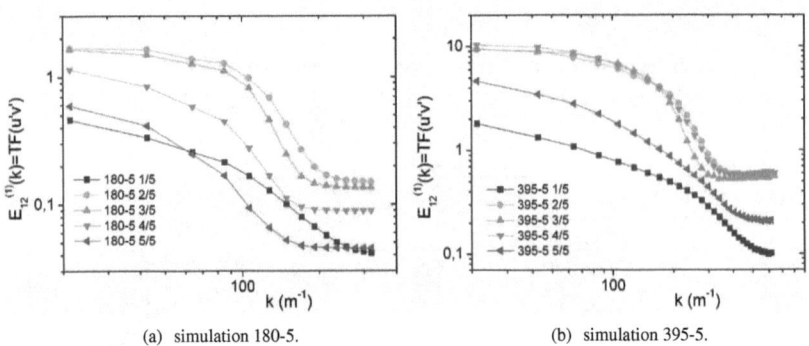

(a) simulation 180-5.   (b) simulation 395-5.

FIGURE B.3 – Spectres d'énergie cinétique turbulente pour un rapport de température de 5 .

Annexe C

Spectres issus de la décomposition $(< \rho uu > - < \rho >< u >< u >)$ à $Re_{\tau m} = 180$

Cette annexe rassemble des figures relatives à la partie 4.5. Ces figures représentent les spectres obtenus à $Re_{\tau m} = 180$. Elles permettent de compléter l'étude de l'influence du gradient de température sur l'énergie des différentes corrélations liées à la décomposition de l'énergie cinétique turbulente.

Sur les figures, C.1(a), C.1(b) et C.1(c), sont tracés les spectres $< \rho > E_{11}^{(1)}(k)$, $E_{(\rho 1)1}^{(1)}(k)$, $E_{\rho(11)}^{(1)}(k)$ et $2 < u > E_{\rho 1}^{(1)}(k)$ obtenus au centre du canal pour les rapports de température de 1.01, 2 et 5.

Sur les figures C.2(a), C.2(b), C.2(c), C.2(d) et C.2(e) sont tracés les mêmes spectres mais obtenus avec les sondes 1/5 et 5/5.

Sur les figures C.3, sont tracés les spectres $E_{\rho 11}^{(1)}(k)$ pour les trois rapports de température. Les spectres obtenus au centre sont tracés sur la figure C.3(a) et ceux obtenus côté chaud et côté froid sont tracés sur la figure C.3(b).

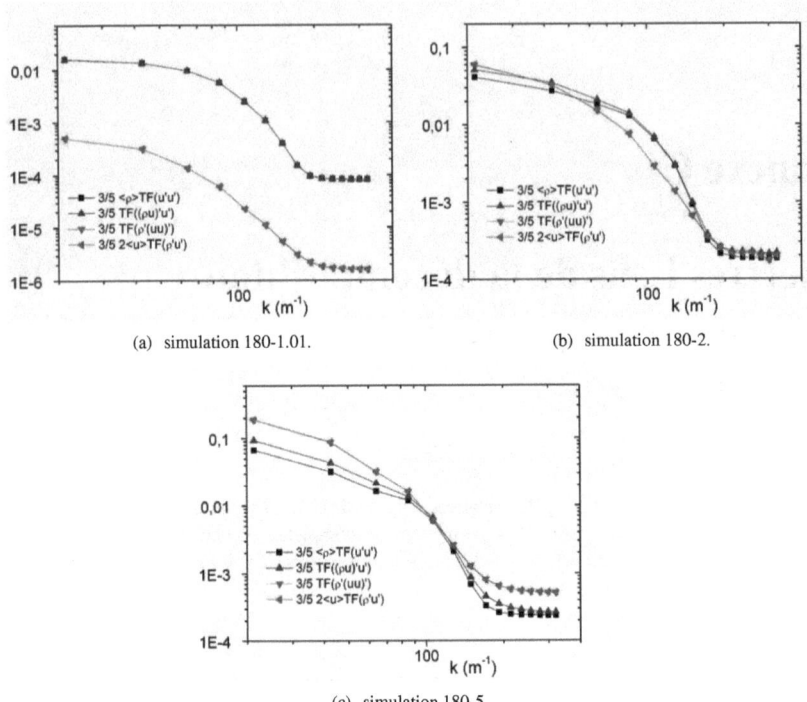

(a) simulation 180-1.01.

(b) simulation 180-2.

(c) simulation 180-5.

FIGURE C.1 – Spectres placés au centre issus de la décomposition ($< \rho uu > - < \rho >< u ><$ $u >$) à $Re_{\tau m} = 180$.

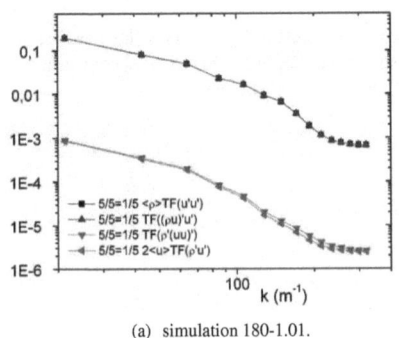

(a) simulation 180-1.01.

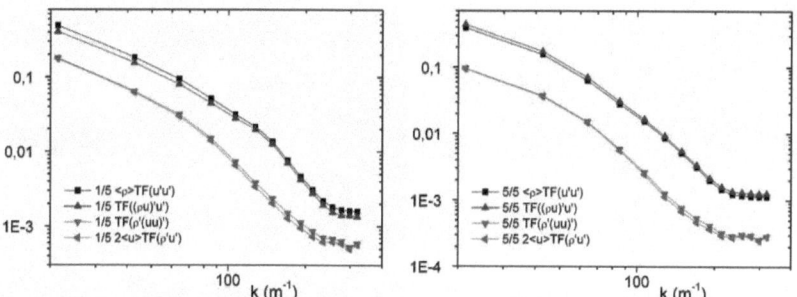

(b) spectres obtenus côté froid de la simulation 180-2.　(c) spectres obtenus côté chaud de la simulation 180-2.

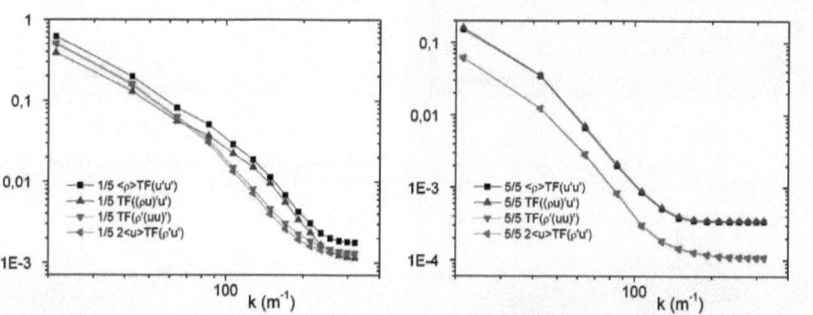

(d) spectres obtenus côté froid de la simulation 180-5.　(e) spectres obtenus côté chaud de la simulation 180-5.

FIGURE C.2 – Spectres obtenus côté froid et côté chaud, issus de la décomposition ($< \rho uu >$ $- < \rho >< u >< u >$) à $Re_{\tau m} = 180$.

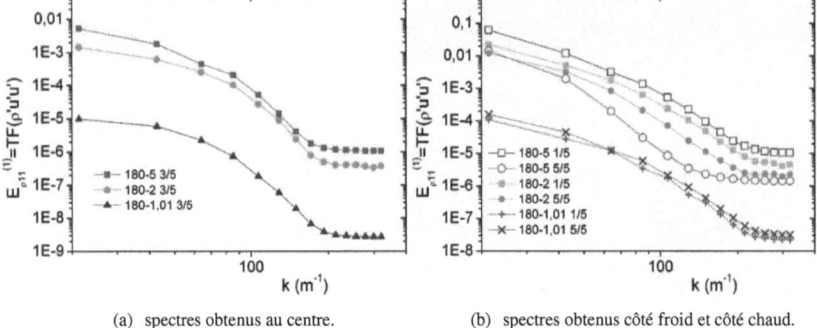

(a) spectres obtenus au centre. (b) spectres obtenus côté froid et côté chaud.

FIGURE C.3 – Spectres $E_{\rho 11}^{(1)}(k)$ à $Re_{\tau m} = 180$.

Annexe D

Spectres liés à la corrélation double vitesse longitudinale-température $E_{1T}^{(1)}(k)$

Cette annexe rassemble des figures relatives à la partie 4.4.1. Elles permettent de compléter l'étude de l'énergie liée à la corrélation vitesse-température $E_{1T}^{(1)}(k)$.

Sur les figures D.1(a) et D.1(b) sont tracés les spectres obtenus à l'aide des différentes sondes pour les simulations à $Re_{\tau m} = 180$ et $Re_{\tau m} = 395$ pour un rapport de température de 1,01 ou 1,07.

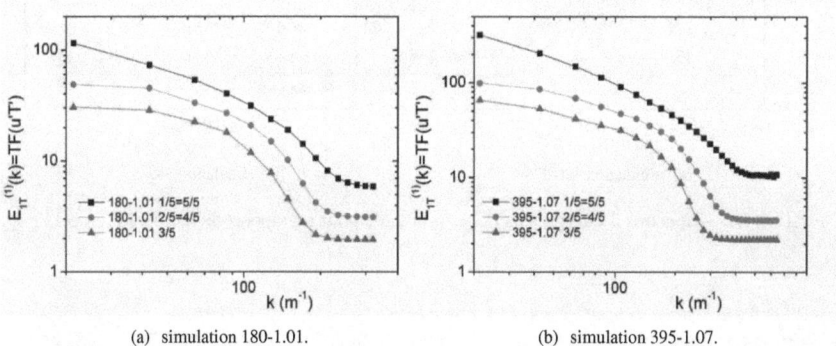

(a) simulation 180-1.01.

(b) simulation 395-1.07.

FIGURE D.1 – Spectres d'énergie cinétique turbulente pour un rapport de température de 1,01 ou 1,07.

Sur les figures D.2(a) et D.2(b) sont tracés les spectres obtenus à l'aide des différentes sondes pour les simulations à $Re_{\tau m} = 180$ et $Re_{\tau m} = 395$ pour un rapport de température de 2.

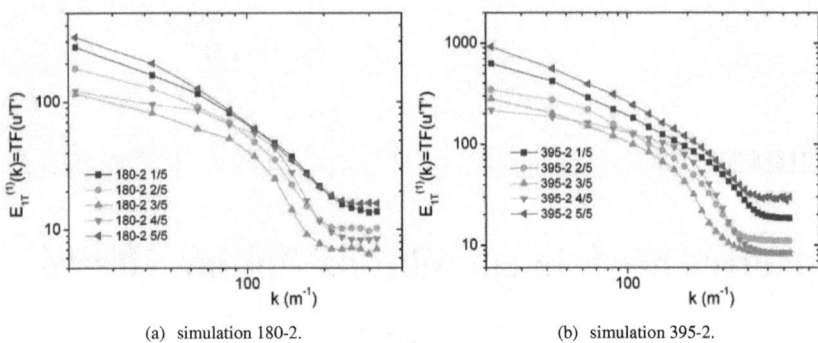

(a) simulation 180-2.   (b) simulation 395-2.

FIGURE D.2 – Spectres d'énergie cinétique turbulente pour un rapport de température de 2 .

Sur les figures D.3(a) et D.3(b) sont tracés les spectres obtenus à l'aide des différentes sondes pour les simulations à $Re_{\tau m} = 180$ et $Re_{\tau m} = 395$ pour un rapport de température de 5.

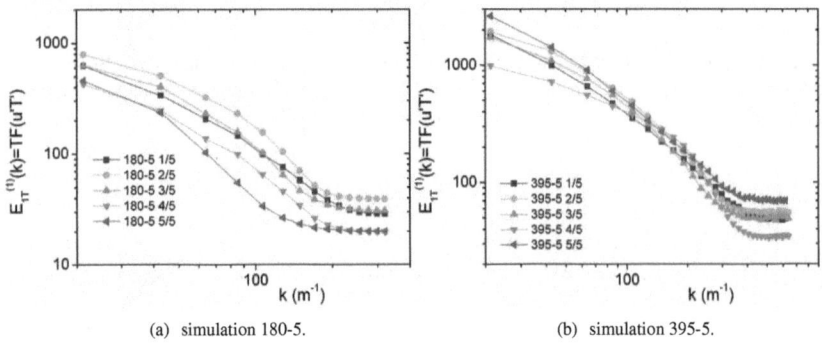

(a) simulation 180-5.   (b) simulation 395-5.

FIGURE D.3 – Spectres d'énergie cinétique turbulente pour un rapport de température de 5 .

Résumé : L'objectif de cette étude est d'analyser l'écoulement traversant le récepteur solaire haute température de la centrale PEGASE. Cet écoulement est turbulent et soumis à un très fort gradient de température. Nous utilisons la simulation des grandes échelles thermiques appliquée aux équations bas-Mach pour étudier l'écoulement turbulent dans une géométrie de canal plan bi-périodique avec températures imposées aux parois. Pour cette étude, nous avons réalisé des simulations pour deux nombres de Reynolds turbulents différents ($Re_{\tau m} = 180$ et $Re_{\tau m} = 395$) et pour quatre rapports de température ($T_2/T_1 = 1$; $1,04$; 2 et 5). Après avoir validé notre modèle, nous avons réalisé une étude sur la modélisation sous-maille thermique qui conclut sur la nécessité d'utiliser un modèle sous-maille thermique dynamique pour un écoulement ayant une forte intensité turbulente soumis à un très fort gradient de température. Nous analysons l'influence du gradient de température sur les différents profils de vitesse et de température ainsi que sur les spectres d'énergie. Augmenter le gradient de température crée une dissymétrie de tous les profils. Une relaminarisation du côté chaud est visible. On remarque une nouvelle répartition des fluctuations à travers le canal ainsi que de l'énergie en fonction de la taille des échelles. Une création de fluctuations de vitesse et de température a également été mise évidence du côté froid et du côté chaud du canal. Ces effets sont dus, à la fois à une variation de la viscosité cinématique (effet direct de la température) et à une interaction entre les champs turbulents dynamique et thermique.

Mots clés : Simulation des Grandes échelles thermiques, écoulements turbulents pariétaux anisothermes, modélisation sous-maille thermique, équations bas-Mach, couplage dynamique thermique.

****

Abstract : The aim of this work is to analyse the flow in the high temperature solar receiver of the central tower power plant PEGASE. The flow is turbulent and submitted to a very high temperature gradient. We use the Thermal Large Eddy Simulation applied to the low-Mach number equations in order to work on the turbulent flow in geometry of a biperiodic plane channel with temperature imposed to the wall. For this study, we realize simulations for two different turbulent Reynolds numbers ($Re_{\tau m} = 180$ and $Re_{\tau m} = 395$) and for four temperature ratios ($T_2/T_1 = 1$, 1.04, 2 and 5). After the validation of the model, we realize a study on the thermal subgrid-scale modeling that conclude on the requirement to use a dynamic thermal subgrid-scale model for a flow with a high turbulent intensity and submitted to a very high temperature gradient. We analyse the impact of the temperature gradient on all the velocity and temperature profiles and on the energy spectra. The increase of the temperature gradient creates a dissymmetry of all the profiles. A relaminarisation on the hot side of the domain is visible. We note a new repartition of the fluctuations across the channel and a new repartition of the energy in function of the size of the scales. A creation of velocity and temperature fluctuations is also point up on the hot and the cold side. These effects are due to the cinematic viscosity variation (direct effect of the temperature) and to an interaction between the dynamic and the thermal fields.

key words : Thermal Large Eddy Simulation, non-isothermal wall-bounded turbulent flow, thermal subgrid-scale modeling, low-Mach equations, dynamic and thermal coupling.

FSC
www.fsc.org
MIX
Papier | Fördert
gute Waldnutzung
FSC® C083411

Zeitfracht Medien GmbH
Ferdinand-Jühlke-Straße 7
99095 Erfurt, Deutschland
produktsicherheit@kolibri360.de

Druck:
CPI Druckdienstleistungen GmbH
im Auftrag der
Zeitfracht Medien GmbH
Ein Unternehmen der Zeitfracht - Gruppe
Ferdinand-Jühlke-Str. 7
99095 Erfurt